武蔵野の落ち葉堆肥農法に学ぶ

土と肥やしと微生物

著者 犬井 正

農文協

『土と肥やしと微生物』正誤表

下記の通り誤りがありました。
お詫びして訂正いたします。

22 ページ最終行

（正）		（誤）
青木淳一	⇐	青木淳

54023151

江戸時代から持続する落ち葉堆肥農法

江戸時代の1694（元禄七）年に現在の埼玉県南部の所沢市と三芳町の間に拓かれた三富新田は、❷のように農家宅地―畑地―平地林がセットになった開拓時の細長い短冊型地割の特徴的な形状を今も色濃く残している。

［序章・第3章　参照］

❶落ち葉堆肥農法により守られている上富新田の広大な畑地と平地林
（埼玉県三芳町撮影）

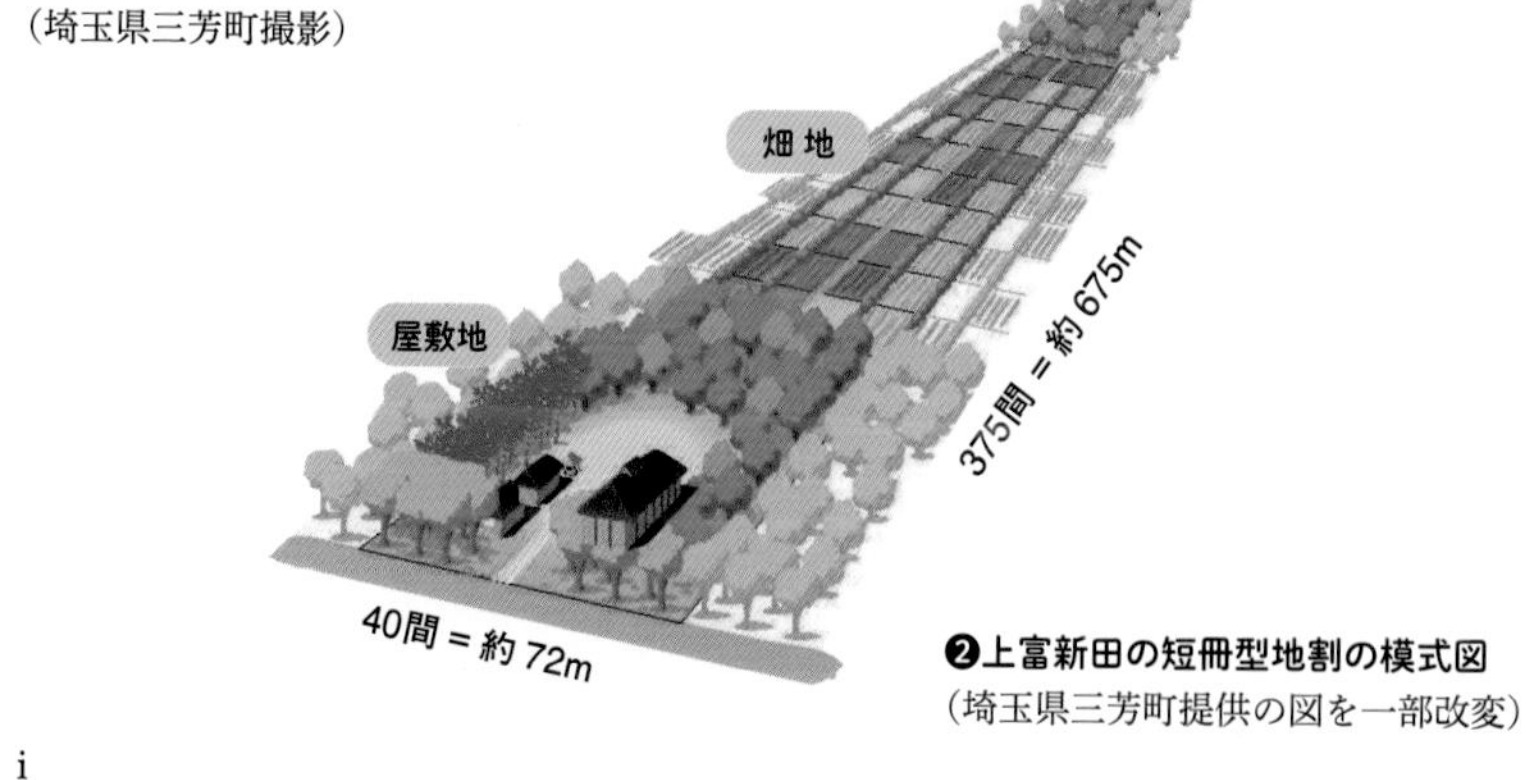

❷上富新田の短冊型地割の模式図
（埼玉県三芳町提供の図を一部改変）

三富地域の平地林と落ち葉堆肥農法の今昔

里山として農業と農家生活を支えてきた平地林も、高度経済成長期以降、エネルギー革命や化学肥料の普及、都市化と農家労働力の減少などにより、使用されなくなり工場・倉庫・住宅地に転用されている。しかし、三富地域では、都市住民との協働により落ち葉堆肥農法によって高いレベルの腐植と土壌生物を維持しながら、安心で安全な生鮮野菜を今なお生産し続けている。[第3章　参照]

昔

❸屋根を葺くカヤや軒下の薪、サツマイモの苗床や堆肥用の落ち葉は平地林からもたらされた　❹冬に行われた落ち葉掃き　❺萌芽更新のための伐木（以上、1980年代）

今

❻市民参加の体験落ち葉掃き
❼集めた落ち葉をカゴに入れる
（三芳町撮影）

人の手によって守られた里山と田んぼの自然

中国大陸東北地区や朝鮮半島からきた満鮮要素の草花のキキョウやオミナエシやワレモコウなどは、人間が草木を刈り払うことによって維持されてきた（❽）。根に根粒菌を共生させ窒素を固定するゲンゲ（レンゲソウ）は、明治時代になって九州から本州の各地の田んぼで緑肥として盛んに栽培されたが（❾）、化学肥料の普及によって刈敷とともに姿を消した。**[第1章　参照]**

❽氷河期以降、日本に渡ってきたオミナエシ、ワレモコウなど「満鮮要素」の草花

❾今ではほとんど見られなくなった緑肥用のゲンゲ栽培

ヨーロッパにおける平地林と農地の変化

第二次世界大戦後EUはCAP(共通農業政策)によって食料生産偏重主義の時代になり、伝統的な混合農業は穀作地域と牧畜地域へと分離した。化学肥料に依存した小麦栽培地域では土壌侵食もみられ(⓫)、大型機械により生垣も取り壊されて生物多様性も減少した。一方、牧畜地域では、家畜の糞尿による地下水汚染の環境問題が生じた。その結果、広大な小麦畑の縁は、セット・アサイド（休耕）により休耕地にされて（⓬）、環境保全型農業に転じている。現在、わずかに残った平地林は保全され（❿）、観光に利用されている。

[第4章　参照]

❿観光に利用されているイギリスのナラ林の平地林

⓫浸食痕ができたイギリスの広大な小麦畑

⓬休耕地に転換された小麦畑の縁

まえがき

現代は化学肥料と農薬を多投入する農業が当たり前のようになっているが、東京からわずか30㎞圏内にある埼玉県南の三富（さんとめ）地域では、今も、少なからぬ農家の人々が黙々として落ち葉堆肥を用い、サツマイモや野菜を露地で生産し続けている。冬になると家族総出で平地林に入り、落ち葉を熊手でかき集め、一、二年もの時をかけて堆肥を完成させる。こうして、手間ひまをかけて作った落ち葉堆肥を畑に投入して「土づくり」にはげみ、高いレベルの腐植と土壌生物を維持し、あとは土壌生物の働きに委ねながら愛情をかけて作物を育てていく。まさに自然の営みにしたがった農業である。この土づくりに基盤をおいた農耕文化から、二一世紀を生きる私たちが学び取るべきことは何か。

武蔵野の落ち葉堆肥農法こそ、今の日本ではきわめて真っ当な農法なのではないかと、私には思えてならない。それとも化学に従属しないこの農法は、この先、果たして存在可能なのだろうか。作物の生産量を制御したり、増大させたりするためには、確かに土や堆肥は厄介な相手であり、そのためにも、まず土と堆肥について私たちは基本的な知識を得ておく必要がある。江戸時代を思わせるようなきつい労働を伴う落ち葉堆肥農法が今もなお三富の地で継承されているのは、きっとそれを上回る魅力があるからに違いない。

農業生態系から得られる伝統的な刈敷（かりしき）や堆厩肥（たいきゅうひ）、下肥（しもごえ）などの肥やしが、農業生態系の外から無制限に入ってくる化学肥料や農薬に取って代わられるようになると、平地林の減少をはじめ、農法や農業の変容、地域の環境を破壊し生物多様性を減じることにもつながり、安心で安全な農産物が生産できなくなってしまう。ところが、今も落ち葉堆肥農法を続けている埼玉県所沢市、川越市、ふじみ野市、三芳町からなる三富地域で実践されている「武蔵野の落ち葉堆肥農法」が、国連食糧農業機関（ＦＡＯ）が認定する世界農業遺産（ＧＩＡＨＳ）に二〇二三年七月に認定・登録され、国際的にも注目されるに違いない。世界農業遺産というのはＦＡＯがめざす食料の安全保障と持続可能な農業システムの共存を実現するために、「緑の革命」のような多投入高収益型の農業が大規模な環境破壊や地域住民の福利の低下をもたらしたことへの反省からできた制度である。自然環境と調和し、農業生物多様性に富んだ伝統的農業システムの活用を推奨するための、世界的な優良事例の認定制度として提唱されたものである。

武蔵野の落ち葉堆肥農法といっても、堆肥材料の落ち葉や地力に焦点をあてるだけでなく、堆肥を作る伝統的技術や習慣、作物の栽培、平地林と生活文化や生物多様性との関係などいわゆる農耕文化複合としてみていく必要がある。また、土と肥やしと微生物のかかわりをめぐって、広く日本の水田農業や都市と近郊農村の物質代謝、ヨーロッパの地力維持システムとの関係で武蔵野の落ち葉堆肥農法を位置づける必要もあるだろう。

本書は基本的には書き下ろしであるが、巻末に示した引用・参考文献のように数多の分野・領域による研究の礎に拠っている。また第1章「田んぼと刈敷の力」と、第3章の「今に息づく武蔵野の落ち葉堆肥農法」には、既発表の以下の論考に加除修正を施して、その一部をそれぞれ組み込んでいる。

犬井正（一九九二）『関東平野の平地林』古今書院
犬井正（一九九三）『人と緑の文化誌』三芳町教育委員会
犬井正（二〇〇二）『里山と人の履歴』新思索社

なお本書に用いた写真は、ことわりがないものは筆者の撮影である。写真を提供くださった三芳町、松本栄次氏には衷心より感謝を申しあげる。

本書を読むことによって土と堆肥に対する想像力が喚起され、土と農と食における物質代謝のサイクルへの関心の扉を開くきっかけになることを願ってやまない。

目次

第1章　田んぼと刈敷の力

第2章　江戸・東京の糞尿はどこへ

第3章　今に息づく武蔵野の落ち葉堆肥農法

第4章　西欧農業、厩肥から化学肥料へ

終章　世界農業遺産、武蔵野の落ち葉堆肥農法に学ぶ

序章

農業と土と肥やしと微生物

農と土

土の上に生れ、土の生むものを食ふて生き、而して死んで土になる。
我儕は畢竟土の化物である。土の化物に一番適當した仕事は、
土に働くことであらねばならぬ。あらゆる生活の方法の中、
尤もよきものを擇み得た者は農である。

徳冨健次郎『みみずのたはこと』より

この文章は徳冨健次郎（蘆花）が、今から一〇〇年以上も前の一九一三（大正二）年に書いた短編集『みみずのたはこと』の中の「農」という章の出だしの部分である。農的生活での土と農と人とのかかわりが端的に書かれているではないだろうか。土に施された肥やしは食料に変えられ、食料は利用されたあと再び土に戻され肥やしになるという、人間と自然との間の物質代謝のサイクルを形成してきたことを言い当てている。耕地生態系の持続的な物質代謝を可

能にするのは、紛れもなく土と肥やしと土壌生物の本源的な力によっている。

水田稲作にしろ、畑作にしろ、数千年の日本の農業の歩みは、水や里山の自然の養分供給力に長い間支えられてきた。つい一〇〇年ぐらい前までは、世界中の農業のほとんどが、いわば「有機農業」であって、樹々の落ち葉や作物残渣、薪や藁(わら)を燃やした灰、さらには動物や人間の排泄物などを、土に戻して農作物の生産を続けていた。全てのものが土から生まれ、再び土に還っていった。そして、土は地球上の全ての生物の、生活舞台にもなっている。私たちの食料となる農作物はもとより、光合成によって有機物を生産し、酸素を放出して地球生態系の基幹的な役割を果たす無数の陸上植物を育んでいる。その土は母岩、地形、植生、気候などの影響を受け、土壌動物や微生物の力をかり、長い時間をかけて形成されてきた。わずか1㎝の土が、形成されるのに三〇〇年を要するともいわれている。微生物、特に細菌は有機物を分解する際、いろいろな有機酸を作りだすが、これらの酸は岩石の鉱物粒子に作用し、鉱物の無機的成分を溶かしだす。さらに、微生物による鉱物粒子への働きかけが、鉱物の風化作用、溶脱作用を促進して粘土鉱物を形成し、植物にとって利用可能な形の栄養分が生じ、植物生育の基盤が形づくられるようになる。しかし、土と肥やしについては、誰でも知っているようだが、農民以外の、多くの人々にとってはほとんど関心がなく、日常でも話題に上ることもほとんどない。私たちは、食料問題や農業問題や環境問題を考える上でも、土と肥やしについて最低限のことは知っておく必要がある。

必須元素・微量要素と土の構造と成分

植物の生育に必要不可欠な元素は、多量要素である窒素N、リンP、カリウムK、カルシウムCa、酸素O、水素H、炭素C、マグネシウムMg、硫黄Sの九種類と、微量要素の鉄Fe、マンガンMn、ニッケルNi、ホウ素B、亜鉛Zn、モリブデンMo、銅Cu、塩素Clの八種類、合計一七種類にものぼる。これらの元素は必須元素と呼ばれ、そのうち一つでも欠けると植物体の生長が完結しないといわれている。そのほか、ケイ素Siとナトリウム Naは植物の必須元素ではないが、植物の生育促進と環境耐性を高める作用があり、有用元素と呼ばれている。微量要素は堆肥に多く含まれているので、近年、化学肥料を多投して堆肥を施用しない農家が増えているため、植物の吸収する量はわずかではあるものの、微量要素が過不足になったりすれば、植物は健全な生育ができなくなってしまう。後述するが、それを食べる人間にも何らかの影響が及ぶと考えられている。

ところで、岩石が風化してできた自然の土と、農業に用いる耕土を土壌というように区別する場合と、全ての土をひっくるめて土壌という場合とがある。本書では土と土壌を同じ意味で使っており、あえていえば、一般に親しみを込めた表現として「土」を使い、農業との関係を強調したい場合には、「土壌」と表現するようにした。

土は、粒子の粒径の大きさで区分されている。大きさが2㎜以上のものが小さな石の礫（れき）といわれ、2㎜以下が土の粒子と区分されている。土の粒子は一〇分の一ずつに区分され、粗砂、細砂、シルト（微砂）、粘土の順に、小さな粒子になっていく。このような粒径による分類は一見便宜的にすぎないようであるが、実際2㎜から一〇分の一ずつという数字を境に、土の粒子の性質は変化しているし、それぞれの粒子を構成する成分も変わってくる。粗砂は主として石英岩石の破片を含むし、細砂は主として石英と長石で、鉄と酸化マグネシウム（苦土（くど））からなる鉱物を含んでいる。シルト（微砂）は主として石英と長石で、鉄と酸化マグネシウムに加え雲母および粘土鉱物などを含んでいる。粘土は主として粘土鉱物からなり石英を含んでいるというような具合である。粘土鉱物の一般的なでき方は、まず岩石が酸素や炭素を含む雨水によって風化されると、物理的に破砕されるとともに、ナトリウム、カリウム、カルシウム、マグネシウムなどが洗い流されていく。残った主な成分はケイ素、アルミニウム、鉄などである。アルミニウムの酸化物が再結合して安定した化合物となり、粘土鉱物を形成する。粘土鉱物の大部分は結晶性の鉱物でできていて、その結晶構造によって細かく分類され、園芸店などで培養土などを購入する時によく目にすることがあるカオリナイト、バーミキュライト、ハロイサイトなどに区分されている。

ちなみに土を構成している元素の約94％は酸素、ケイ素、アルミニウム、水素の四元素からなり、いずれも無色透明である。次いで割合の高いのは鉄で、これは色がついた元素で、畑や原野の土のように空気に触れた酸化状態では赤、黄、褐色になり、沼地や水田のように空気に触れない還元状態の土は、黒みを帯びた青緑色になる。土の中のもう一つの物質は有機物で腐植といわれ、微生物や動植物の遺体が分解されたもので、最終的に土の中に残存する高分子化合物で、これが多いほど土に黒みが増す。このように土の色は、鉄と腐植を含んでいる量の多少や、酸化還元の条件によってさまざまに変化する。

土の化学的成分に注目してみると、ケイ酸（SiO_2）と、礬土（ばんど）といわれる酸化アルミニウム（Al_2O_3）と、酸化鉄（Fe_2O_3）の三成分で土の八割〜九割を占めている。この三成分の多少、あるいは互いの比率が、土の性格を決めるといわれている。このほかの酸化カルシウム（石灰）、酸化マグネシウム（苦土）、酸化カリウム（カリ）、酸化ナトリウム（ソーダ）などは、塩基といわれるアルカリ性の成分である。これらの塩基類が、流亡して減少すると酸性土壌になってしまう。河川によって運ばれてくる沖積土、つまり水田土壌ではケイ酸が著しく多く、酸化アルミニウム（礬土）が少ない。それに対して火山灰土では、まったく逆になっていて酸化アルミニウムが多い。日本の水田稲作文化の成立にも大きな影響を与えた二つの土の違いは、第1章で述べる。

実際の土は大きさの違う粒子が集まってできていて、土全体の性質も粘っこくなったり、サラサラになったり、異なった色調を帯びたりしてくる。砂や粘土の構成割合に応じて土を分類したのが土性という。「埴土（しょくど）」は非常に粒径が小さな粘土からできており、粒子間の隙間が狭く表面積が大きく、表面電荷があるために、凝集力や粘着性が強いことが特徴である。一方、「砂土」の方は、粒子の大きい粗砂や細砂からなっているので、隙間が広く表面電荷をもたないので、粒子同士の凝集力や粘着性が弱いのでサラサラした土になる。粘土と砂の割合が半々程度の「壌土」は、埴土や砂土の中間的な程よい土で、粘りけがあまりなく軟らかく、植物の根が張りやすいので、農作物を育てるにはちょうどよい土とされている。

もともと、土の粒子の一つひとつはバラバラであるが、これがただ重なり合っているのを「単粒構造」といい、土粒子が集まってより大きな土粒子群になっているような状態を「団粒構造」と呼んでいる。粘土鉱物や有機物、鉄やアルミニウムなどの化合物、根の腐敗物、カビの菌糸、ミミズなどの土壌動物の糞、細菌や生きた根が出す滲出液などが接着剤の役目をして、土の粒子同士を結び付け、微小な団粒の塊ができ、さらに微小な団粒同士が結び付いて、より大きな団粒を作りあげている。実際の土の中では団粒が立体的に集まっていて、団粒が多いほど大小の隙間の孔隙が多く形成される。この大小さまざまな孔隙の存在が、土の「水もち」や「水はけ」という土の性質にもかかわってくる。そして、団粒構造の土は、植物の根の伸長にも都合がよいし、微生物のすみかにもなっている。土壌有機物は土壌粒子を結合させ、侵食に堪える団粒を形成するので、有機物の含有量が多いほど侵食に対する抵抗力は大きくなる。

土と肥やしと微生物

生命が地上に現れたのは、およそ三五億年前とみられている。植物や動物など生命を有するもの、すなわち生物は、その体の成分として一番大切なものが、タンパク質と核酸である。タンパク質を構成するアミノ酸は、窒素と炭素、水素、酸素などの元素でできているし、核酸は、これにさらにリン酸を加えてできあがっている。

森林においては、植物や動物は死んで遺体になると有機物として林床の土壌に蓄積されるため、土壌は肥沃になっていく。しかし農耕地の土壌では育った作物は収穫されてしまい、植物の遺体が土壌に戻ることはない。そのため、有機物の蓄積量は年々減少していってしまう。地力の低下を防ぐために、農家では定期的に肥やしの施用を行い、土壌生物などの力を借りながら耕土の地力を維持・向上させていかなければならない。

肥やしとは、文字通り農耕地を肥やすために用いられるものである。人間が作りだした耕地生態系の中で、肥やしは食料としての作物に利用され、食料は利用されたあと再び肥やしになるという物質循環を形成してきた。そもそも、肥やしは植物に栄養を与え、土を団粒化させるという土づくりにおいて重要な役割を担っている。ところで本書では、「肥やし」と「肥料」については、おおむね同じ意味で使ってはいるが、肥やしの方は、刈敷や下肥や堆厩肥のような自給用の有機質の自然に由来するものに対して用いている。一方、肥料の方は包括的な言い方や、無機質で近代的・化学的・人工的なものに対して用いている。なお、一九五〇（昭和二五）年に制定された「肥料取締法」によると、肥料は成分の安定している化学肥料などの普通肥料と、魚かす、米糠といった食品残渣や堆肥などの特殊肥料とに分けられている。

植物の生育に必須な元素としては、窒素、リン、カリウムの三つで、「肥料の三要素」といわれている。この三つの元素が特に必要であるということは、土の中で、欠乏しやすい成分の代表格であるということを意味している。一般的に一番不足するのが窒素である。窒素は空気の中に窒素ガス（N_2）として約八割も占めているが、植物は必要な窒素を空気中から直接取り込むことができない。炭素の場合は光合成を通じて空気中から取り込んでいるが、窒素ガス（N_2）分子を構成する二個の原子の結合は、三重結合になっていてとてつもなく安定している。それを引き離すのには巨大なエネルギーが必要である。窒素が植物の体内に入って活用されるには、窒素ガス分子の頑丈な三重結合を引き離し、アンモニアや硝酸塩などの形態に変える必要がある。この変換のことを「窒素固定」という。アンモニアの方は窒素分子とはまるで異なり、高い反応性を示すため、容易に各種有機化合物に取り込まれ、さまざまな生体分子の一部となることができる。この窒素固定反応を行えるのは、自然界にはたった二つしかない。一つは稲妻で、雷の放電によるエネルギーは空気中の窒素分子を破壊し、酸素と化合させ一酸化窒素、亜硝酸、硝酸などの窒素酸化物（NOx）を作りだし、雨に溶け地上に降り注ぐ。もちろん、放電によってできた窒素酸化物が雨とともに大地に降り注ぎ、植物に窒素栄養分として吸収される。雷の光を稲妻と呼ぶのは、イネに米が実る時期に雷が多いことから、雷が米にとって大切な存在で、そのため「稲の妻」であると考えられてきたからである。雷の自然放電による窒素固定は年間200万〜500万tくらいの窒素が動植物に利用できる形態に変換されるといわれている。

もう一つはマメ科植物の根に共生する菌根菌や、非マメ科植物の根に共生する特殊な根粒菌であり、彼らがもつニトロゲナーゼという酵素は、窒素分子をアンモニアに変換する力をもっている。この生物による窒素固定は年間1・8億tくらいといわれている。窒素がアミノ酸や、タンパク質やDNAを作るのに欠かせないものなのに、生物学的に利用可能なものはごくわずかである。これはつまり、窒素が植物の生長にとって制限要素となりやすい、ということを意味している。特に有機物の少ない肥沃度の低い土壌では、その傾向は顕著である。リンはその酸化物であるリン酸として土の中に存在するが、窒素に次いで少ない。カリウムは窒素とリン酸に比べれば、土中に存在する割合が高い。

また、農地は地力が高いとか低いとかといわれるが、一般的には肥沃だとか肥沃でないというように、地力は、肥沃度と同一視して使われることが多い。しかし、地力というのは、本来、作物の生育にかかわる総合的な土地の生産力を示す用語である。こうした総合的な能力である地力をもたらす要因は、物理的要因、化学的要因、そして生物的要因の三つからなっているといわれている。物理的要因というのは、一口でいえば植物の根の生育や活動の条件にかかわることである。根を確実に支える土層をはじめ、根の伸張に有効な土壌の厚さ、耕耘の難易、水もち（保水力）や水はけ（排水性）、風や雨による飛散・流亡に耐える力などを指している。化学的要因というのは、養分の保持力や、作物への養分供給力、pH（酸性、中性、アルカリ性かを示す水素イオン指数のことで、ドイツ語読みでペーハー、英語読みでピーエイチ）、酸化・還元力、重金属などの有害物質の有無などを指している。三つ目の生物的要因というのは、有機物分解力、窒素固定力、病虫害の抑止力、微生物による有害化学物質の分解力などを指している。これら三つの要因は別々にあるのではなく、相互に関連して作物栽培に適した土壌条件をつくりだしている。保水性と排水性という相反する性質のバランスが、団粒によって支配されることや、その団粒構造の形成には、有機物である腐植とそれによって養われる多数、かつ多様な土壌動物や微生物の働きが必要なのである。堆肥のような肥やしは土壌有機物となり微生物の力を介することによって有機物が無機イオンに変化して、はじめて植物への養分供給が可能になる。同時に土の団粒構造を維持するための手段としても、微生物は大きな役割を担っている。

土には鉱物と有機物の分解によって生成された、植物の生育に必要な養分が含まれている。これらの養分は、プラスやマイナスの荷電を帯びたイオンの形で存在している。例えば、植物が多量に必要とする窒素、リン、カリウムは、それぞれアンモニウムイオン（NH_4^+）、硝酸イオン（NO_3^-）、リン酸イオン（PO_4^{3-}）、カリウムイオン（K^+）として地中の水に溶け込んでおり、植物に吸収されやすくなる。また、土を構成している粘土や腐植も、正や負の荷電を帯びている。したがって、土は養分のイオンを引きつける能力をもっている。土壌粒子が陽イオンを吸着できる最大量を、陽イオン交換容量（Cation Exchange Capacity）、略してＣＥＣといっている。ＣＥＣは、土の中でも粘土や腐植が多く含まれているほど大きくなる。また、重金属のような有害物質が土に撒かれたとしても、この陽イオン交換作用があるために容易には地下水には流れ出さない。このように土は有害物質のフィルターとしての役割も担っている。裏返せば、いったん汚染されてしまった土は、なかなか元に戻すことはできないので、特に注意が必要である。

しかし、鉱物や有機物は、自然に植物が利用できる水溶性の状態へと変化しているわけではない。土壌微生物が栄養を母材の鉱物と有機物から、植物が利用できる状態へと変換しているということが実際に突き止められたのは、一九八〇年代以降になってからの比較的新しいことである。土壌生態学と微生物学の近年の発展は、根圏における栄養循環を左右し、土壌肥沃度に影響を与える微生物と有機物の相互作用に対する私たちの理解を根本から変えてきたのだと、モントゴメリーは片岡夏実訳『土・牛・微生物』（二〇一八）の中で指摘している。

土壌の中には数えきれないほどのバクテリアや真菌、それらを捕食する原生動物、センチュウ（線虫）、微小節足動物、ミミズやモグラやカブトムシの幼虫といった大型土壌動物が生きている。土壌動物といっても、ミミズやモグラ以外あまり一般には知られていないが、青木淳

の著した大部の書『Soil Zoology 土壌動物学』（一九七三、新訂版二〇一〇）には、序－1の図

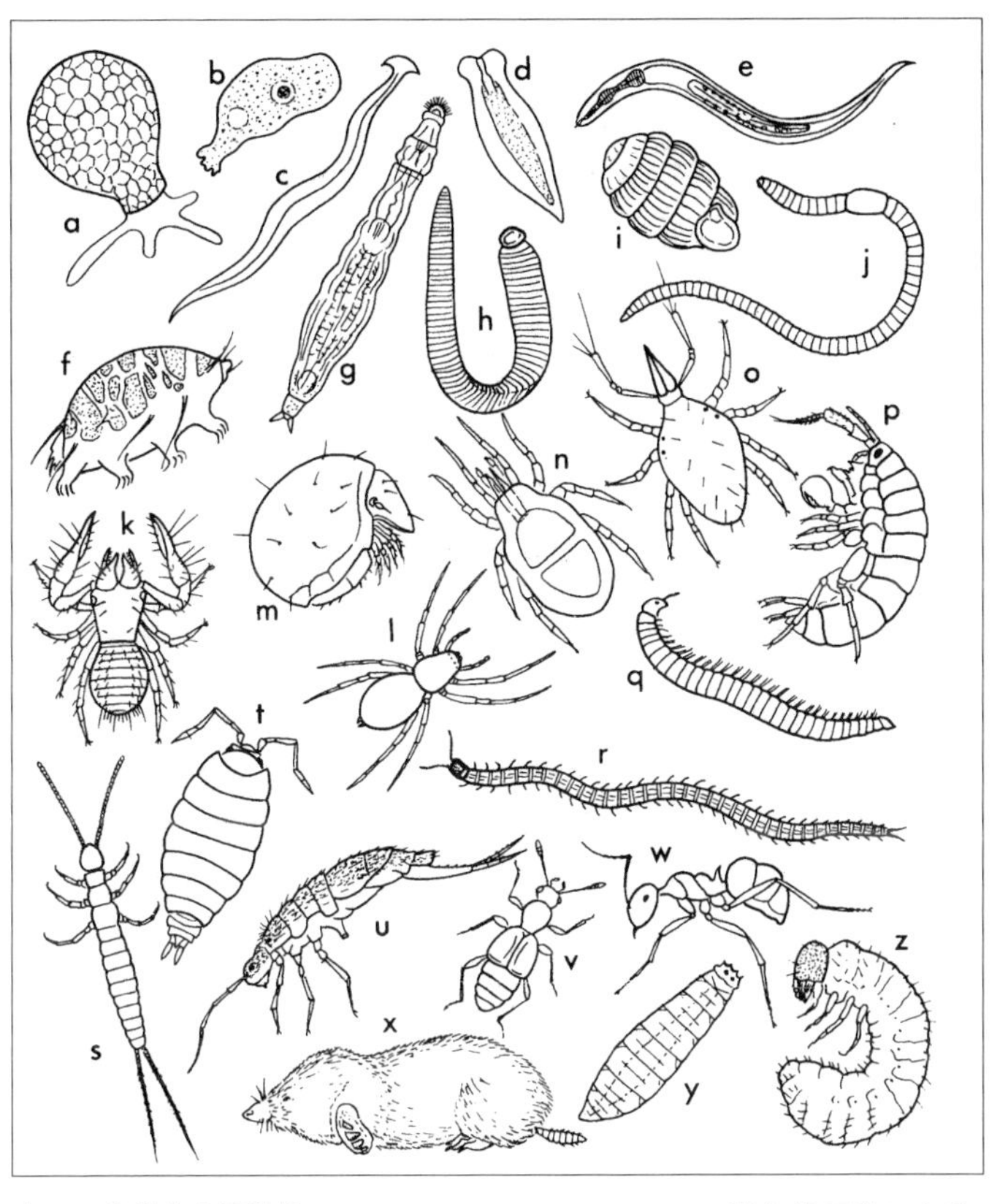

序-1　多様な土壌動物　青木（1973）による

a・b：アメーバ、c：コウガイヒル、d：ウズムシ、e：センチュウ（線虫）、f：クマムシ、g：ワムシ、h：ヒル、i：カタツムリ、j：ミミズ、k：カニムシ、l：クモ、m〜o：ダニ、p：ヨコエビ、q：ヤスデ、r：ムカデ、s：コムシ、t：ワラジムシ、u：トビムシ、v：甲虫、w：アリ、x：モグラ、y：ハエ幼虫、z：コガネムシ幼虫

（ただし、a〜zは同一縮尺で描かれていない）

のような大変わかりやすいイラストが載っているので紹介しておきたい。

土壌生物は植物の根と同様に嫌気性細菌を除いて、ほとんどの生物と同じように酸素と水が必要である。特に、堆厩肥などの有機物を加えれば、団粒構造のように土壌に物理的・構造的と化学性の複雑さを兼ね備え、酸素も水も得られることになる。土壌中に生息する微生物が活動するためには、土壌有機炭素を酸化してエネルギーを得ること（呼吸作用）が必要である。堆肥のような土壌有機物が多ければ、土壌生物相は豊かになる。多様な生物は相互に影響し合い、制約し合い、互いにバランスを保ちつつ生きている。そして、地球上のどこの土壌にも、地球上のほとんどの微生物種が存在しているという。しかし、多くの微生物は活性されておらず、きわめて低密度であり、気象、土性、植生などその土壌の条件に合った微生物だけが、活性されていると考えられている。それでは、土の中にはいったいどのくらいの細菌や他の微生物がいるのだろうか。染谷孝の『人に話したくなる土壌微生物の世界』（二〇二〇）によると、一九九〇年代になってから蛍光顕微鏡という特殊な顕微鏡の登場により、約1ｇの土の中になんと一〇〇億個体もの微生物がいるということがわかったそうだ。

とはいえ、有機物を多量に土壌に入れれば病虫害は起こらないかというと、それほど事態は簡単ではない。実際に、有機物を多投した畑でも病虫害の被害などが出ている。土壌に藁や落ち葉などの新鮮有機物を入れると、土壌微生物によって長い時間をかけて分解され、堆肥と同じような効果を発揮するようになる。しかし、分解されていない生のままの有機物を入れるより、微生物の働きによって堆肥化した方が、肥やしとしての効果は高くなるし、施用してから効果が発揮できるようになる時間は短くなる。刈敷に用いる灌木の若芽や若葉や小枝、下草などのように分解せずに生のままで施用するものをまとめて「緑肥（りょくひ）」と呼んでいるが、これらの有機物を土壌に施用すると、その中に、作物の根に有害なフェノール性の酸や有機酸などの物質を含んでいたり、あるいは土壌中で急激に分解することにより、ガス障害を受けたり、長期的な分解によって窒素が不足する「窒素飢餓」の状態を引き起こしたりするなど、作物がさまざまな障害を受ける危険性もある。このような障害を起こさないように、あらかじめ土壌生物によって分解しやすい腐植に代えることや、作物の生育に有害な物質を分解しておくことが、堆肥化する大きな利点なのである。

また植物にとって、土は中性であることが好ましいが、日本の畑地の約四割は、酸性土になっている。温暖湿潤気候下の日本では森林に広く覆われていて、森林土壌のpHは4〜5にもなる。植物は水とともに土に溶け込んだカルシウムイオンやカリウムイオンを多く吸収するために、代わりに根から水素イオン（酸）を放出して、土壌をさらに酸性化している。微生物は落ち葉を分解すると、その一部を酸性物質すなわち有機酸や炭酸、硝酸として放出する。植物や微生物の放出する酸性物質によって土が徐々に酸性化してくる。藤井一至の『大地の五億年』（二〇二二）によると、森の中で植物根の放出する水素イオンの量は多くの場合、森に降り注ぐ酸性雨の一〇倍以上にもなるという。植物はもちろん、リン酸などの陰イオンも吸収しているが、陽イオンの吸収量の方が大きい。植物が生きるために必要なカルシウムやカリウムを獲得するためにも、本来、酸性の土が苦手な植物も、酸性になっても仕方がないという究極の選択をしているのである。そこで、古来よりカルシウムやカリウムが含まれている生きた草木を焼き払う火田(かでん)法によって得られる草木灰を中和剤にして、土壌改良がなされ焼畑や切替畑が営まれてきたのである。

リービッヒの「無機栄養説」と堆肥の役割

土の中の出来事はとても複雑で、私たちにはよくわからないことだらけである。平均してその動きがゆっくりしていて、例えば肥やしをやっても反応が遅く、同時に気候や地形などの環境条件によっても変化してしまうので予測するのがとても難しい。それだけに作物生産をコントロールして増大させるためには、土はとても厄介な相手なのである。土を無視し、化学肥料のように植物が必要とする無機栄養分を直接与えてしまう方が、生産力を制御するという点では大いに便利である。こうした考え方の基礎になったのは、一九世紀に登場するドイツ人のリービッヒによる「無機栄養説」であったといわれている。なお、リービッヒについては、第4章と終章で詳しく述べる。その後、植物と土の相互作用系である生態系から、土を切り離す水耕栽培のような方法が考え出され、土は捨て置かれるかのようなことにもなってしまった。菌根菌などの土壌微生物が栄養循環を担っているのに、菌根菌がいない無菌状態での水耕栽培による植物が栄養的に果たして健全なのだろうかという疑念がわく。

ヨーロッパの封建社会においては三圃制といって、村の耕地全体を三つに区分して、その一つは休閑地として土地を休めるとともに、そこに家畜の放し飼いをしてその糞尿で地力を補い、他の二つの圃場には春と秋というように収穫期の異なる別種の穀物を植えた。これについては、第4章でも述べるが、日本ではこのような休閑を組み込んで土地を休ませることが一般的に行われなかったために、一六世紀頃に人糞尿による下肥が使われるようになるまで、里山から得られた刈敷、草木灰、落ち葉堆肥などの多くの肥やしを投入することで、長期間耕作を続けることができた。土の中の有機炭素は、作物をつくることによってだんだん減少していくので、土の肥沃度を維持するためには、肥やしとして有機物を補給しなければならない。有機質肥料が土壌に施されると、ミミズなどの小動物や土壌微生物などに分解されて、彼らのエネルギーになっていく。有機物が微生物によって分解されると、最終的には炭素、酸素、水素は炭酸ガス（CO_2）と、水（H_2O）になり、窒素やそれ以外の栄養分は無機イオンとなって土壌中に放出される。この放出された無機イオンを、植物は養分として根毛から吸収することができる。繰り返しになるが、有機物を肥やしとして畑地に施しても、植物は有機物を直接、吸収することができない。先に述べたように、植物は有機物が微生物の働きを介して無機イオンになってこそ、初めて利用することができるようになるのだから。

したがって肥料を有機物（有機質肥料）で施しても、無機物（化学肥料）で施しても、植物の根が吸収する段階では、養分は無機イオンになっているので、その点においては化学肥料でも有機質肥料でも同じことになる。しかし重要な点は、化学肥料には養分供給以外、土壌を改良する働きが備わっていないため、化学肥料を使い続ければ、土壌肥沃度が低下し有機物の炭素をエネルギー源としている土壌微生物が休眠状態になったり死滅したりすることが多い。化学肥料によって、窒素やリンといった一つか二つの元素を与えても、マグネシウムや銅など他の栄養素の欠乏には対処できない。もし植物が必要な養分を得ることができないとすれば、それを食べる人も微量元素欠乏の問題があり、循環が働いていないことになる。土壌を改良する力を有することこそが堆肥の力であり、近代科学の申し子である化学肥料といえども、堆肥に完全に取って代わることができない理由である。

土と肥やしの力を侮るな

日本では作物を育てるのに長い間、主として植物起源の肥やしの力に頼ってきたが、大都市近郊の農村では、商品作物の生産が盛んになると、徐々に干鰯（ほしか）や鰊（にしん）粕や、大都市から大量に排泄される人糞尿による下肥など、効目の高い購入肥料を施用するようになってきた。これらは金銭で買う肥料なので金肥（きんぴ）と呼ばれていた。一九世紀後半の明治期に入るとさまざまな商品作物の生産が、急速に日本全国に普及していった。また、それまで作付を始めるときに施す基肥を与えるだけだった施肥のやり方に代わって、一部を作物の生育期間中に与える追肥法が、一九世紀後半から二〇世紀初めの明治後半頃になってから広まった。そしてこの時期に中国大陸からもたらされた大豆粕が登場して、施肥量をさらに増加させていくことになった。加えて一九世紀中葉以降の過リン酸石灰や硫安などの速効性の化学肥料の普及は、それまでの肥料の主力であった刈敷などの緑肥や、堆厩肥や下肥を排除していった。農地における化学肥料による窒素の過剰負担は、窒素の形態変化、すなわち硝酸化成を通して土の酸性化を加速し、これまでにない速度で土壌劣化を進めることになった。農地に施用された緑肥や堆肥などの有機物は多くが微生物により分解され土中や大気中に放出されるものの、一部は化学的、生物的に再合成され、分解されにくい土壌有機炭素となり、長期間土壌中に貯留される。しかし、自給肥料ではなく金肥や化学肥料が容易に手に入るようになると、時間と労力を要する堆肥による土づくりを厭うようになった農民も増えた。それによって、土中の有機物量が低下し、土壌有機炭素が少なくなり、それをエネルギー源とする微生物群集が減少したり死滅したりして、病虫害やウイルス障害なども多発するようになった。土壌有機炭素は植物の直接の栄養にはならないし、それ自体は植物の生長に必須ではない。それでも、土壌有機炭素と作物収量の間には密接な正の関係がある。そして団粒構造が形成されなくなれば、土壌侵食への抵抗性も減少してくる。先に述べたように微量要素は堆肥に多く含まれているが、近年、化学肥料を多投し堆肥を施用しない耕地が増加しているため、窒素、リン、カリウムのほかの必須元素の欠乏した土壌が増加している。銅、マグネシウム、鉄、亜鉛などは植物の健康と、それを食料とする人間の健康の中心にあるフィトケミカル、酵素やタンパク質をつくるために欠かせない元素である。フィトケミカル（phytochemical）またはファイトケミカルという語は、最近、よく耳にするようになったが、植物が作りだす物質のことである。フィト（phyto）はギリシャ語で「植物」、ケミカル（chemical）は「化学成分」という意味で、フィトケミカルは一つの野菜や果物に複数存在していることがあり、その種類は数千以上にも及んでいる。微生物との情報伝達を含め、植物が紫外線や昆虫など、植物にとって有害なものから体を守るために作りだされた色素や香り、辛み、ネバネバなどの成分のことである。人間が摂取すれば、体内の酵素をつくる仕組みにとってきわめて重要な働きをする防御と健康にかかわる幅広い機能をもつといわれ、近年、注目が集まっている。

焼畑や下肥、刈敷や落ち葉堆肥といった里山資源から得られる肥やしが、耕地生態系の外から無制限に入ってくる化学肥料や農薬に取って代わられてきた。そのことからもたらされるものは、これまでみてきたように環境はもちろんのこと、人間の体や心の健康にも大きな影響を及ぼしている。ただし、微量要素の欠乏した穀物や野菜を食べても、その日や、数日中に何か異常が起こるというようなものでもないので、人にはすぐに気づかれにくい分、かえって厄介である。こうしたことからも、「土と堆肥の力」を決して軽視したり侮ったりするわけにはいかないことがよくわかる。

農業生態系の変容と武蔵野の落ち葉堆肥農法

人類の長い歴史の中で「農業」とは、単に食料を供給するだけではなく、多様な生物が共存する環境を守り続け、農法といった専門の知識や技術という、人間の知恵も蓄えてきた。そして同時に、地域独自の景観や伝統行事、その土地の文化の形成にもかかわってきた。世界では今、近代化が進む中でテクノロジーの進化によって人々のライフスタイルの変化やグローバル化が、資源の利用や地域の価値にさまざまな歪みをもたらしている。刈敷や堆肥などを利用して地力を維持する農法を捨て去り、農業生態系や農耕文化も大きく変容した。社会や環境の変化に適応しながらも伝統的な農業と、それにかかわって育まれた文化、農地やため池・水利施設といった土地利用、技術、景観、そしてそれらを取り巻く生物多様性の保全を図るような、新たな仕組みや制度が当然必要になってくる。第二次世界大戦以降の高度経済成長期になってから、都市化・工業化、「エネルギー革命」、輸入農産物や飼肥料の増大といった外的条件や、農家戸数や農業従事者数の減少と高齢化、農業の化学化・機械化の進展、農家の生活様式や営農形態の変化という内的条件などにより、日本の農村は変容を余儀なくされてきた。そして、関東平野の台地上の農村のどこでもみられた里山から採取した落ち葉を原材料とした堆肥を作

序-2　三富新田の短冊状の耕地（三芳町撮影）　【口絵❶❷参照】

り、畑地の土づくりと地力維持のために落ち葉堆肥を施用するという農法が、みられなくなってしまった。犬井正の『関東平野の平地林』（一九九二）によれば、東京西郊の武蔵野では都市化が進展し、平地林の多くは転用されたり、未利用地として放置されたりしてきた。落ち葉も採取されなくなった平地林は、開発されて次第に孤立・断片化して、生物の多様性も低下し、地域の生態系にも大きな影響を及ぼすようになってしまった。

そうした中で、武蔵野北部に位置する三富地域では、土中の有機物である腐植と土壌動物や微生物を増やすことによって、安定的に作物を栽培する持続的農法を見つけ出し、序-2の写真のように以後、三六〇年間もそれを堅持し続けている。なお三富

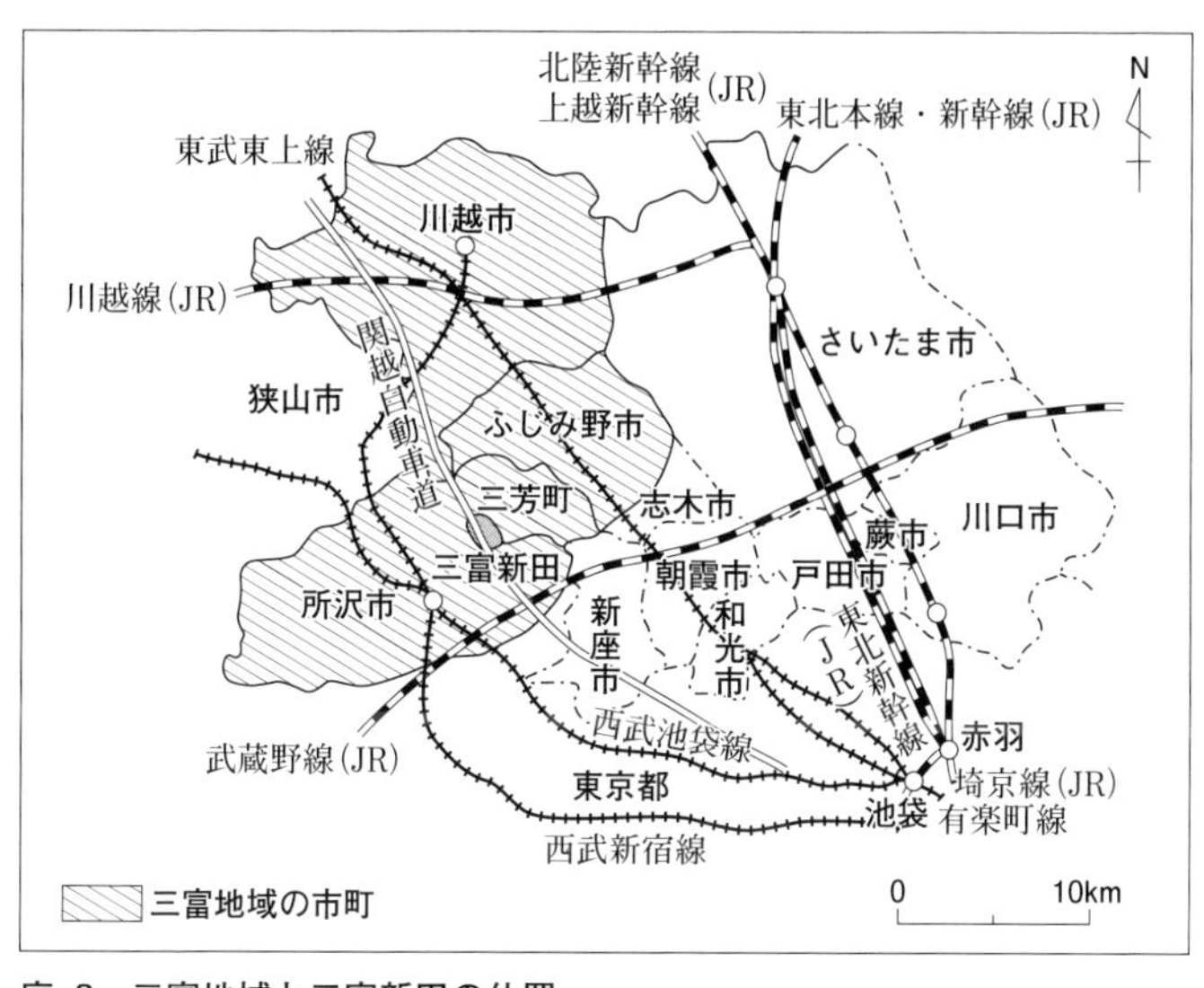

序-3　三富地域と三富新田の位置

地域というのは、序‐3の図のように一七世紀末に開発された三富新田を中心にした現在の埼玉県川越市、所沢市、ふじみ野市、三芳町を含む地域を指す。ところが、日本中でかつて広くみられたこの農法も、三富地域が地域的・面的な取り組みとして継続されている唯一の地域になってしまった。落ち葉堆肥農法を在地の知や技術として三富地域だけで後生大事にしているだけでなく、この農法によって「土と堆肥の力」を最大限に引き出すことができるように世界中に公開していくことが大切である。土壌有機物の減少により土壌侵食や土壌劣化、砂漠化などが時々刻々と進み、農業生産力が低下し、食糧危機に陥っている地域も増大している。そうした地域に向けても、今に息づく武蔵野の落ち葉堆肥農法を、アピールして健康な土と農を取り戻していくことが重要である。

本書の構成

本書は農法の一環として堆肥などの肥やしを用いて、栄養価の高いおいしい作物を持続的に生産し続けることができる鍵を手に入れるための、時空を超えた旅の物語である。本書の構成は、六章だてとした。

まず、序章では、土や肥やしに含まれる栄養素やそれが微生物などの働きを介して農作物に吸収されるメカニズムに関する基礎的知識について述べた。

第1章では、日本の基幹産業の一つに据えられてきた水田稲作の田んぼと刈敷の力について、畑作農業と対比しながら探る。田んぼ土壌の特質と刈敷などの緑肥による地力維持方式の特徴と、それらの利用が消滅し、土と肥やしと微生物の力が発揮できなくなっている現状とその問題点を述べる。

第2章は江戸・東京近郊に形成された糞尿圏を、都市と近郊農村における下肥と農産物における物質代謝の視点から探っていく。「江戸・東京糞尿圏」の終焉については、下水道の普及との関連から土と肥やしの力を再考する。

第3章は武蔵野北部の三富地域で、今に息づく落ち葉堆肥農法の特徴を明らかにする。江戸時代の新田開発期以来三世紀半にわたって、耕地生態系の中に里山を取り込んで、落ち葉堆肥によって土壌生物を繁殖させて畑を肥沃にして、作物収量を維持してきた過程にせまり、土壌の維持を基礎とする農耕文化を築いてきたことを述べる。

第4章では広大な平地林がみられるヨーロッパの地力維持方式を探る。厩肥による地力維持システムを確立した要因を、自然環境や農法から日本との相違を述べる。さらに化学肥料に依存して産業化した農業へと突き進んできた道程を明らかにする。土壌肥沃度の考え方は、これまで長い間、農芸化学がリーダーシップを握ってきたが、欧米で行われてきた生産偏重主義の農業の結末から、それが土壌生物学や生態学へとリレーされ、土と堆厩肥の力が再考されつつある現状を詳しく述べる。

終章では今に息づく武蔵野の落ち葉堆肥農法が、国連食糧農業機関（ＦＡＯ）の提唱する持続的農業への新たなミッションとして登場した「世界農業遺産」の重要なモデルになりうることを示す。そして落ち葉堆肥農法から獲得してきた土づくりに関する知と技を、三富地域だけに止め置くのではなく、広く世界に公開していくことが重要であることを述べ、この農法が存続する理由を明らかにする。

土と堆肥を通した農耕文化論をめざした本書は、基本的には書き下ろしであるが、多くの先行研究の礎に拠っている。それらについては、巻末にまとめて引用・参考文献リストとして示した。より詳しく知りたい方は、直接原著にあたっていただきたい。本書を読むことで土と堆肥の力に対する想像力が喚起され、土と農と食における物質代謝への関心の扉を開くきっかけになることを願っている。もちろんそれが食や農や環境の問題解決に直結することにはならないかもしれないが、思考停止に陥いらず、考えることや関心を寄せ続ける人が増えることで、少しずつでも土と堆肥の力を取り戻していくことが可能になるのではないだろうか。本書に込めた思いが、多くの読者の「肥やし」となれば幸いである。本書がそうした役割を果たす一助となることを願ってやまない。

第1章
田んぼと刈敷の力

稲作に対する固定観念

日本の古代律令国家の美称として知られる「豊葦原瑞穂の国」という表現は、葦原をまじえながらも、田んぼに稲穂がたわわに実っている河川の中流域や下流域の平野の様相をよくいい当てている。日本に水稲が伝播して水田稲作文化が始まったのは、二五〇〇年ないし三〇〇〇年ほど前のことであると言われている。この水田稲作文化の伝播は、日本列島を西の方より、縄文文化から弥生文化へと変えていった。

従来の歴史観によれば、縄文時代は基本的には狩猟と採集の時代であり、稲作はおろか農耕の要素は、ほとんどなかったと考えられてきた。しかし、佐藤洋一郎による遺跡に残るイネのDNA解析などから、縄文時代にも稲作があったこと、弥生時代には縄文稲作の影響の上に水田稲作が導入されたという仮説を立て、稲作研究に植物遺伝学の立場から二〇一八年に角川文庫の『稲の日本史』を書いて一石を投じた。それによれば、縄文時代に稲作が確かに行われていたことが明らかにされ、それは東南アジアから来た糯米のイネである熱帯ジャポニカを焼畑で栽培していたものだという。

水稲の日本への渡来経路も朝鮮半島経由、大陸からの直接伝来、双方があった可能性などを指摘している。現代に暮らす私たち日本人の一般常識によると、「イネといえば水稲」、「稲作といえば水田稲作」であるから、イネの渡来といえばやはり水稲の渡来を意味する。したがって稲作の渡来というと、水田稲作の渡来を意味してしまうことになる。ところが縄文のイネと稲作は、この常識の外にあるイネと稲作なのだと、佐藤は言う。畑で陸稲（おかぼ）をつくるのも、田んぼで水稲作を行うのも「稲作」の一部であると考えれば、稲作は縄文時代から行われていたといえる。

1-1　見渡す限りの稲穂がたなびく秋田県大潟村の大水田地帯

水田稲作の技術が日本に持ち込まれた当初から、１-１の写真のように、灌漑システムの整った見渡す限り低平な大水田地帯ができあがっていたわけではなかった。水生植物であるイネには十分な水が必要なので、大河の流域の広い平野や河口の三角州地帯に水田を拓いて始まったと思う人が多いかもしれない。しかし、そうしたところは、洪水にみまわれる危険性が大きかった。当初は水を引いたり止めたりしやすい台地や、丘陵の端の小さな谷間や、山の谷あいの小さな田んぼで始められたに違いない。それに田植や草取り、施肥、病虫害の防除、収穫などを考えれば、大面積の田んぼを管理するのは容易なことではない。佐藤は「当時の水田は森や湿原などの間に、キメラ状に転々と分布していたのではないか」と想定している。キメラ状というのは、ギリシャ神話に出てくるライオンの頭と体、背中にヤギの頭部をつけ、ヘビの尻尾をもち、口からは火炎を吐くという伝説上の生物であるキマイラ（Chimaira）のように、多様な要素から成り立っている状態を指している。

水田稲作の伝播と土壌

日本ではじめて水田稲作を中心とする農業が始まったのは、紀元前三〇〇年頃の北九州ではないかといわれている。これが弥生時代の始まり頃であった。その後、二〇〇〇年の間に水田稲作は日本列島を東進し、さらに北進していった。その伝播時期を地理学者の田林明は、市川健夫・山本正三・斎藤功編著『日本のブナ帯文化』（一九八四）に所収されている論文の中で、日本地図上に1－2のようにわかりやすくプロットして説明している。田林は考古学者などの知見を参考にして、以下のように水田稲作の伝播経路とその時期を、主として気候条件から説明している。

稲作の開始は福岡県板付（いたづけ）遺跡で発見された土器に伴った炭化米や土器に残された籾（もみ）の圧痕などから裏づけられている。紀元前三〇〇年頃に九州北部に上陸した水田稲作の技術は、そこから瀬戸内海の平野を経由して畿内に到達したと言われている。弥生時代の前期前半、紀元前二〇〇年頃には山陰沿いに京都府まで、瀬戸内海沿岸を東進した系統は奈良県に達した。そして弥生時代の前期後半、畿内で栄えた水田稲作文化は伊勢湾岸と福井県にまで達し、ここでしばらくあゆみが止まった。田林は、気候条件を考えると、九州から伝わった西のイネでも東海地方から東京湾周辺での地域でも十分生育したと考えられるが、東海地方以東では自然の食料がまだ豊富で、これまでの採取・狩猟生活を維持するのが容易であり、このことが稲作の東進の速度を遅らせた原因の一つであると考えられるとしている。この時期の稲作の東限は、照葉樹林帯とブナ帯の境に大まかに対応し、発祥地から照葉樹林帯に沿って拡大してきた稲作

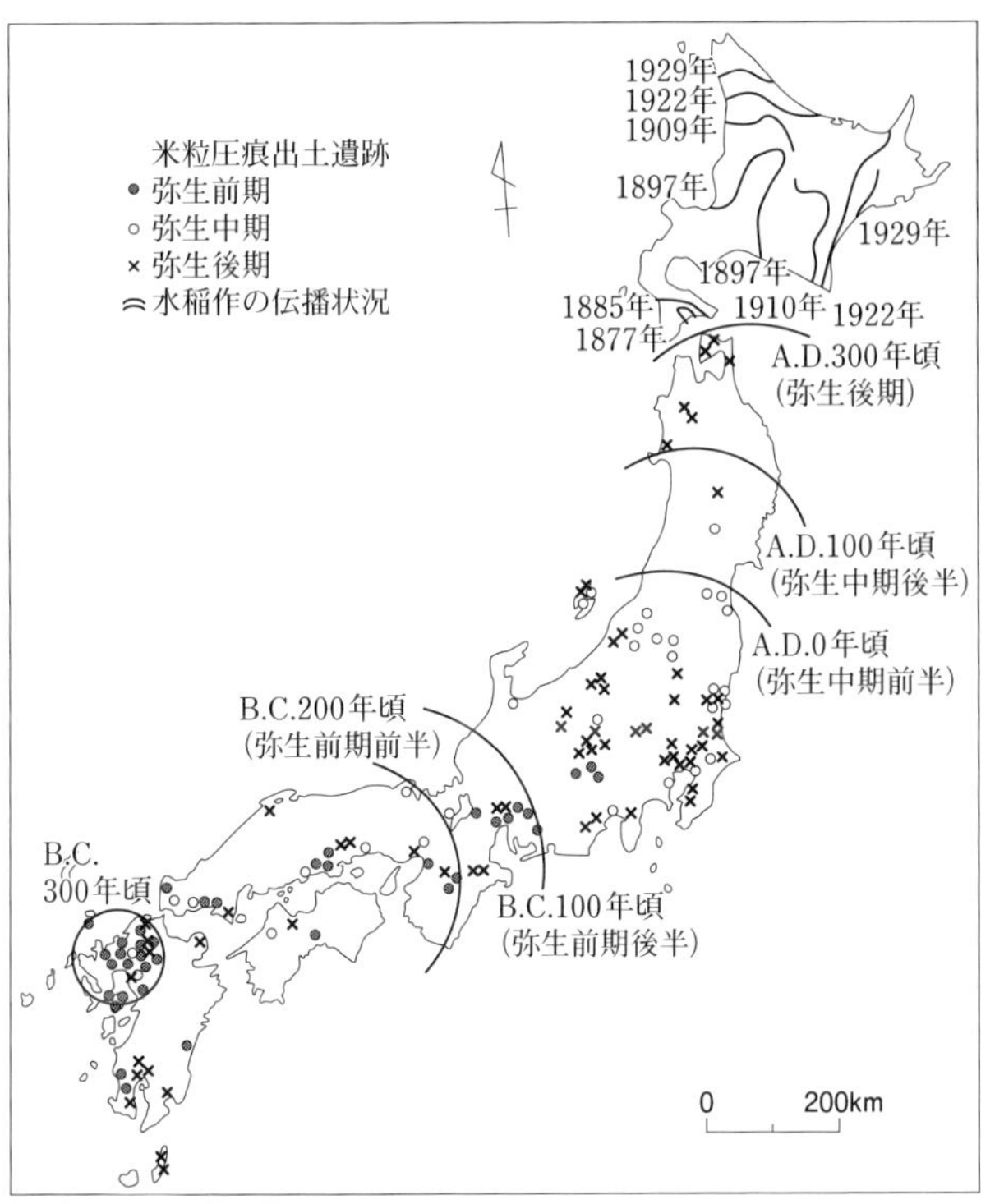

1-2　日本における水稲作の伝播　　田林（1984）による

が、ここまで比較的容易に広がったことがうなずける。弥生時代の前期をすぎ、中期に入ると水田稲作を基盤とした文化が、東日本へと伝播を開始した。九州の古い栽培種のうち、感温性に富むものが東進を可能にしたと考えられている。弥生中期の前半に太平洋岸を進んだ稲作は、関東西部にまで及んだ。他方、中央高地に入った稲作の一つは山梨県中央部に、もう一つは伊那谷から長野県中部に達し、さらに浅間山麓から群馬県中央部、そして栃木・茨城を経て福島県南部に至った。中央高地から北陸地方へも弥生文化が伝わったとされる。そして、弥生時代中期の中頃には、水田稲作は東北地方中部にまで達した。さらに、弥生時代中期の終わり頃から後期の初めになって、水田稲作は東北地方北部に進み、紀元後三〇〇年前後には北海道を除く日本のほぼ全域に水田稲作が拡がった。

このように地理学者である田林は、照葉樹林帯が原産とされるイネが、ブナ帯へと伝播した経路と時期について、主として気候条件から解釈を加えた。これに対して土壌肥料学者の藤原彰夫は、黒ボク土との関連でイネの伝播経路とその時期について『土と日本古代文化』（一九九一）の中で、以下のような説を提唱している。

日本の最も古い水田の遺跡は、九州北部の玄界灘沿岸の平野に集中しているが、これは、土壌の性質との関係がきわめて深い。すなわち、九州北部のこの地域は、大陸に近接しているということもあるが、この地帯の土壌は火山灰の影響が少ない玄武岩や花崗岩の風化物からできており、水稲がつくりやすいケイ酸質の土壌である。このような土壌は、九州北部を回って、

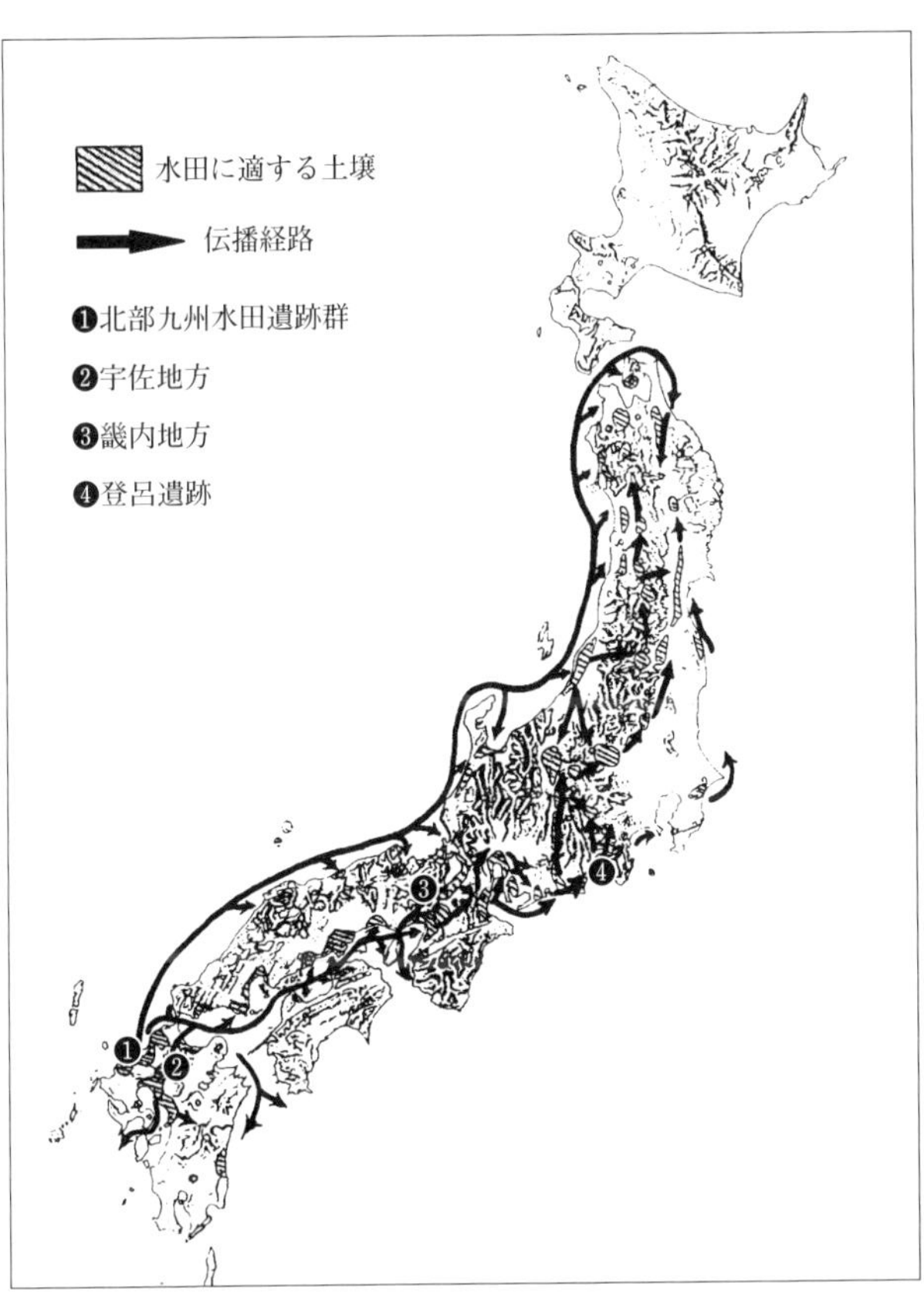

1-3　日本国内の稲作伝播推定図　藤原（1991）に一部加筆

大分県の国東（くにさき）半島近くまで続いている。国東半島の北側には、二世紀頃になると宇佐の豪族が、この地を中心として大きな勢力を広げていった。九州北東部のこの地が、なぜそのような要地として栄えたのであろうか。それは、藤原説に基づけば、土壌にあるという。すなわち、国東半島より南は、火山灰の堆積が多くなって、農耕地として不向きな黒ボク土の存在という大きな壁があった。宇佐地方まで到着した水田稲作は、それより南下することをはばまれたため、海を渡って瀬戸内海へと進んでいった。

藤原説によれ

ば、瀬戸内海両岸の平野は、花崗岩や水成岩からできたケイ酸質の土壌からなっていて黒ボク土がなく、初期水田稲作の定着のための絶好の条件を備えていたのである。このため、瀬戸内海の平野部では次々と開田が進んで、稲作はすみやかに東進して、現在の大阪府や奈良県付近まで短期間で到達したと推定される。そして、この畿内地方もまた、黒ボク土はなくてケイ酸質の土壌が広く分布していたため、水田稲作はこの地に定着して、大和朝廷が成立するための基礎となったと考えられるという。

また、西から進んできた水田稲作が、静岡付近の登呂遺跡あたりで、長期間にわたって停滞したことが知られているが、これも藤原は土壌との関連で説明している。すなわち、静岡東部の平野から北には日本列島に横たわる大きな黒ボク土の壁が存在する。この壁にはばまれ、水田稲作の拡大はここで停滞し、関東地方やそれ以北への伝播が遅れたのではないかという。

近年、北陸地方や東北の日本海側にも古い水田の遺跡がいくつか見つかっている。しかし、これは、そこから出土した土器の形状などから、九州北部から対馬海流にのって直接北へ伝播した水田稲作であろうと推定されている。そして、この地方もまた、稲作に適するケイ酸質の土壌からなる平野が広がっていたため、稲作はすみやかに定着しながら日本海側を北上していったものと考えられている。

気候条件と黒ボク土との関連を合わせて解釈していくと、水田稲作の伝播経路や、伝播が停滞した地域の理由がより明確に見えてくるではないか。農耕地として不向きな不良土である黒ボク土地帯が開拓されるのは、土壌肥料学の研究が進んだ近代になってからである。黒ボク土については第3章で詳しく述べる。

稲刈りの時期になると、広大な平野の全面が黄金色一色に覆われるような水田の景観は、中世になってもなお出現していなかった農薬や化学肥料を使わないまでも、同じ水田で毎年イネをつくり続ける水田稲作は、高だか五〇〇年ぐらいの歴史しかもっていないことは、佐藤が繰り返し述べている。私たちは、水田稲作が日本列島に伝えられた弥生時代以降、日本の風土に適合し、猛烈なスピードで日本列島を進み、現在のような水田景観ができあがったものと考えがちであるが、「見渡す限りの水田という景観が登場したのはおそらく太閤検地以後、あるいは近世になってからではないかとさえ思われる」と、先に紹介した佐藤が述べている。太閤検地が行われたのは一六世紀末で、今は二一世紀になったばかりなので、高だか五〇〇年の歴史ということになる。

イネの連作を支える水田土壌

今や、水田は低地の平野部を中心に、日本全土でみられる。水田に利用されている約250万haに及ぶ土壌は、灰色低地土とグライ土で七割近くを占めている。水田地帯の中でも一年中水があるような湿田や、排水不良の湿地などを掘ると、酸素が欠乏して土壌が還元された結果、二価鉄やマンガンなどが生成して黒みがかった青緑色で「ドブ泥」のような状態をしている土がある。このような土は、グライ（gley）土と呼ばれている。gley の由来は、ロシア語の俗語の「ぬかるみの土塊（つちくれ）」という意味だそうだ。

水田では作土層の下を固めて「すき床」を作り、水漏れを少なくし長期間湛水する。酸素は用水に溶けて供給されるが、土壌表面から数㎜のところまでは酸素が届き、赤い色をした酸化層を形成し、そこにいる微生物が酸素を消費している。酸化層のすぐ下からは、酸素不足の還元層に変化していく。

田んぼは、夏季になると灌漑水が張られる。このように湛水することによって還元状態になるが、冬季は落水するために大気に触れる酸化状態となり、それが毎年繰り返されるため、有機物やミネラル分の分解が進み、イネに必要な養分として供給される。また、有機物が浅い酸化層で無機化されアンモニアになるが、それが好気性の硝化細菌により硝酸に変わり、さらに深い還元層に入った硝酸は、還元されて窒素ガスへと変わり、大気中に放出される「脱窒（だっちつ）」作用が行われる。

昔から「イネは土でとり」「ムギは肥やしでとる」といわれてきたように、水稲を栽培する水田土壌は麦や野菜を栽培する畑土壌に比べると肥やしへの依存度は低い。なぜならば、土壌中で鉄と結合して不溶性の形になってしまうリン酸は、水を張った水田では溶けだしてイネに吸収されやすくなる。さらにカリウムやそのほかの微量要素も水田土壌中に多量に蓄積されているし、灌漑水からの供給もある。その上、水中に生息するかつてラン藻類と呼ばれていた光合成窒素固定微生物のシアノバクテリアによって、大気中の窒素固定が活発に起こり、これも水田の肥沃度を維持している要因になっている。このように水田は栄養分の天然供給力が高いので、畑ほど肥料を与えなくても作物が生育できる。水田土壌の酸化還元の繰り返しによって微生物が入れ替わるので、水田には病源菌が集積することも少ない。また連作障害をもたらす原因の一つの土壌動物のイネシストセンチュウ（*Heterodera oryzaen*）は、好気性のため水田の嫌気下では発生しない。また、水をたたえているので根に有害な物質も分解されるし、過剰な養分も流されるため、長い間連作しても、連作障害がでないという特徴がある。このように水田稲作では、もともと連作が可能だったために、ヨーロッパの畑作のように輪作を考える必要がなかった。

水田稲作に特に不可欠な土の栄養分とは、主に窒素・リン・カリウム・マグネシウム・カルシウムの五つである。作物は窒素、リン、カリウムを吸収して生長するにつれて天然に存在する鉱物元素、例えば銅、マグネシウム、亜鉛なども取り込んでいく。ただし序章で述べたように、どんな栄養素でも植物が利用できる形に変換する微生物の力がなければ、植物の根の周りに、ただ無駄に置かれたままになってしまう。植物の根を取り巻く根圏は、植物と土壌微生物の間で無数の取引が行われているという。菌類と細菌は植物の根から出る炭素が主成分の滲出液（しんしゅつえき）を消費し、その見返りとして植物の生長と健康に必要な栄養および代謝物質を与えているということなど、近年の土壌科学分野の相次ぐ発見によって明らかになっている。

河川が作った沖積低地の土壌は、有機質が多く含まれていて地力が豊かである。さらに、水田稲作は灌漑水自体と上流域から運ばれてきたシルト（微砂）には、ミネラル分の鉄、マンガン、亜鉛、銅、ホウ素、ケイ素などが自然の恵みとして絶えず運び込まれてくる。そのため、肥やしとしてあえて与える必要はない。それに加え、田んぼに張られた田面水と作土の最表層部には、シアノバクテリアが生息していて、窒素固定が行われており、水田土壌の窒素肥沃性維持に重要な役割を果たしている。これは耕地土壌における窒素固定菌の分布や生態面からみた場合、水田の大きな特徴といえる。さらに水を張った田んぼの土壌は、酸素不足の還元状態なので、イネの必須元素の一つである土壌中のリンが、鉄やアルミニウムとの結合を解かれて水に溶けだし、イネが吸収可能な状態になる。リン酸肥料は作物の花や実のつきかたに関係するので、「花肥（はなごえ）」や「実肥（みごえ）」などと呼ばれる重要な栄養素である。米はイネの実であるから、リン酸分はとりわけ重要で、不足すると葉枯れや、米が熟さない「生育不良」などの問題を引き起こす。

水田稲作では、一反歩（10ａ）当たり収量一石（こく）（１５０kg）程度の水準ならば、無肥料での収穫が可能である。ちなみに、米の一石は下位単位の一〇斗に当たり、同じく一〇〇升、一〇〇〇合に相当する。日本では、一食に米一合、一日三合がおおむね成人一人の消費量とされていたので、一石は成人一人が一年間に消費する量一〇〇〇合（＝一石）÷三合／日＝

三三三日分に、ほぼ等しいとみなされてきたといわれている。また、面積を表す日本の度量衡の単位である反は、米一石の収穫が上げられる田んぼの面積として定義されたものである。それ故、単位面積当たり収量の比較にも、反収（たんしゅう）（10ａ当たり収量）が今でも基準として用いられている。

米の収穫後には、籾殻（もみがら）や稲藁（いなわら）といった有機質の副産物も多量に得られるので、畑作ほど肥料供給源として森林に頼る必要はない。水田に入れる窒素源としては、下肥が使用され始める一六世紀までは食物の残り滓や、林野から得られる刈敷や堆肥が肥やしの主体であった。刈敷とか地方によっては「カッチキ」と呼ばれているのは、里山や入会地（いりあいち）から採取する春に芽吹いた樹木の木の葉や小枝のことで、水田や畑にすき込んで有機質肥料にするものである。

有機質肥料の主な役割については序章でも述べたように、土への栄養補給と土壌改良の二つの役割がある。有機質肥料は無機質の化学肥料とは異なり、土中の微生物により分解されることで、植物が吸収できる無機養分に変わる。有機質肥料は土中の微生物の「エサ」になり、微生物の繁殖を助けるので、作物を育てるのに適した土をつくるのに役立つ肥やしになる。速効性はない代わりに、その分効果が長く続く。そして、水が張られる前の田んぼの土をよく乾かしておけばおくほど、水を張った後の有機物分解とアンモニアの生成やリン酸の無機化も促進されるという。このことを「乾土（かんど）効果」と呼んで、肥料の乏しい時代には、農民はこの効果を最大限活用してイネの初期生育に役立ててきた。特に水を張った湛水期の田んぼでは脱窒菌が活発で、施肥した窒素のなんと半分くらいが脱窒により失われているということが知られている。

イネの一生は種子である種籾の発芽に始まり、葉と茎の形成・発達、穂の分化・発達、開花・受精、そして種子が成熟し、収穫され米となり一生が終わる。肥料は代掻き前の「元肥」または「基肥」といわれるものが基本で、幼穂分化期の「穂肥」、そして発育し炭水化物やタンパク質が集積される登熟期を目安に施用される「実肥」などがある。こうした元肥以外の穂肥や実肥といった追肥技術は、一九世紀の明治時代後半になってから確立し、生産量の飛躍的増大をもたらすことになった。それまで元肥を与えるだけだった施肥法に代わって、一部を作物の生育期間後期に施用する追肥法が明治後半に広まった。ただし、追肥は湿田ではあまり効かないし、また、刈敷や堆厩肥のような遅効性のものではなく、速効性の肥料を必要とする。そのための基盤を準備したのが江戸時代に進展した湿田の乾田化と、大都市の成立によって入手しやすくなった人糞尿の下肥、そして商品作物用の金肥として出回り始めた乾燥したイワシ（干鰯）やニシン（鰊粕）であった。追肥技術そのものも、大都市近郊で盛んになった野菜、綿花、茶、タバコなどの商品作物で最初に行われ、それが稲作にも及ぼされていった。そしてこの時期に中国からの大豆粕も登場して施肥量をさらに高めて生産量の増大に貢献していくことになった。ところが一九世紀中葉以降の過リン酸石灰や、硫安（硫酸アンモニウム）などの速効性の化学肥料の普及は、それまでの肥料の主力であった堆厩肥や下肥を排除していった。

刈敷や堆肥は大豆の〆粕（しめかす）や干鰯などの金肥（きんぴ）、そして大正時代になるとさらに速効性で手間のかからない化学肥料に取って代わられたために、田んぼには青草や刈敷などの肥料供給源としての森林が付随している必要が次第になくなっていった。さらに、田んぼでは、たとえ化学肥料だけに依存していても、畑作で起こるような連作障害、農民の言う「忌地（いやち）」は発生しない。水稲では連作障害がまったく問題にならないのに、同じイネでも陸稲として畑で栽培すると連作障害は起きてしまう。陸稲の連作障害の一つの原因は、先に述べたように主にイネシストセンチュウによるものだが、陸稲を連作しても連作障害の起こらない畑もある。そういう畑は堆肥の投入量が多く、有機物に富んだ畑で多くみられるという。田んぼにしても畑にしても、作物栽培の場所が同じところに固定されてしまうと、その周囲の土地では撹乱がどんどん進み、撹乱環境に強い雑草や害虫、病原菌が集まるようになってしまう。また土地の有機質はどんどん失われ、土が痩せてくる。そうすると稲作を継続してそれなりの収穫を上げるためには、外から肥料分を補いながら、除草、病害虫の防除、除菌などの新たな操作をすることが必要になってくる。

水田という生産の場が定着するとともに、生活の場の定着も進めることになる。定着性が高いということは、支配者による管理上ずいぶん都合の良いことである。ある村の人口はいくらか、どれくらいの生産量があるのか、などの基本的な統計調査が楽に行えるようになる。また、安定した管理機構をつくることができるので、権力そのものが安定する。こうしたこともあって、水田稲作の拡大は、中央集権国家の形成に少なからず貢献したものと思われる。大和朝廷は、まさに水田稲作に支えられた国家であった。また、イネは「生命の根」に由来していると、富山和子は『日本の米―環境と文化はかく作られた』(一九九三)の中で次のように述べている。

まことに稲こそは、日本民族のいのちの根、日本という国のいのちの根、そして、これから述べようとするもろもろの日本文化と、緑の国土との双方のいのちの根であった。

刈敷などの緑肥

谷津(やつ)というのは台地や丘陵地に、人の手や木の枝のように、細かく入り組んだ谷のことである。場所によっては谷戸(やと)あるいは、谷地(やち)とも呼ばれている。縄文時代の晩期から弥生時代にかけてのおよそ二〇〇〇~三〇〇〇年前に、海が退き入江は陸地になる海退期(かいたい)になって、谷津の姿が見られるようになる。台地や丘陵が約八割を占める日本最大の関東平野には、台地や丘陵地の縁に、谷津の地形が多く見られる。ちょうどこの頃、日本に水稲と水田稲作文化が入ってきた。

谷津の最奥地の木々に囲まれた谷頭(こくとう)には、「根垂水(ねだれ)」と呼ばれている泉の湧き出し口がある。

1-4　木々に囲まれた谷津田の景観

山地や丘陵や台地の縁から絞りだされるようなこの湧き水は、冬季でも15℃くらいに達し、凍りつくこともなく、いくつかの生まれたばかりの流れを集めて谷底をえぐる小さな流れへとなっていく。こうしたいくつかの流れがさらに集合して、水はけの悪い、じめじめとした湿地を作っていく。そうした場所を水田にしてきたので、それを谷津田（やつだ）と呼んでいる。

先に述べたように、山から引いてくる水には落ち葉が分解されてできた鉄、マンガン、亜鉛、銅、ホウ素、ケイ素などのミネラル分が自然の恵みとして含まれている。還元が進み硫化水素が発生しても、土の中に鉄分があれば不溶性の硫化鉄（FeS）となって、無毒化することができる。鉄分がなく硫化水素が発生すると、イネの根が根腐れを引き起こしてしまう。一般にこの現象を「秋落ち」と呼んでいる。初期の水稲生育は正常なのに途中から根腐れが生じ、「ゴマ葉枯病」が発生するなどして収穫期の秋頃になると生育不良に陥ってしまう現象である。花崗岩が風化したような砂質で透水性がよく鉄分が流れ出しやすいような水田では、「秋落ち」が生じやすくなる。また、この秋落ちを起こす水田の土は鉄が少ないだけでなく、カリ、マグネシウム、ケイ酸など多くの養分についても欠乏していることが多いので、かつて「老朽化水田土壌」と呼ばれていた。これらの老朽化水田に対しては、第二次世界大戦後、国の補助金による酸化鉄の含有量の高い土壌改良剤の客土が行われた結果、今日の日本は「秋落ち」問題はすでに解決されている。

湛水状態の水田からは、温室効果ガスであるメタンガス（CH_4）も発生している。メタンは湛水状態が続いて酸素供給が制限された還元状態の土壌中で生成される。水田の土壌の中には酸素が少ない嫌気的な条件下でメタンを作る微生物（メタン生成菌）が棲んでおり、田面水が張られると、土壌中の酸素が少なくなって、メタンが作られる。水稲の稈や根は、空気を通すためのストロー状になっていて、土壌中で作られたメタンの多くはこの空隙を通って大気中に放出される。そのため、水田は強力な温室効果ガスであるメタンの排出源にもなっている。

谷津田ではミネラル類をたっぷり含んだ水が、灌漑水として使えるのでミネラル分の豊かな米を育てることができる。イネ科植物は他の植物と違ってケイ素の吸収力が窒素、リン、カリウムよりきわめて多いことが大きな特徴であり、それゆえ、イネ科植物はしばしば「ケイ酸植物」と呼ばれるくらいで、ケイ酸質の土壌が栽培に適している。通常、農業分野でケイ酸と呼ばれるものは二酸化ケイ素（SiO_2）で、シリカ（silica）とも呼ばれている。ケイ酸が有している光合成の促進、根の活力の増大、耐病性の向上といったさまざまな生理機能が、イネが病気にかかりにくくしている。植物に吸収されたケイ酸は、植物が枯れた後もその一部がプラント・オパールと呼ばれる透明なガラス質の微片となって、土壌中に半永久的に残っている。特にイネ科植物は、細胞に溜まったケイ酸の塊である微化石のプラント・オパールが、葉に残りやすいので、稲作の起源を探る考古学の研究では、重要な証拠として用いられている。

1-5　能登の世界農業遺産　石川県白米（しろよね）千枚田の棚田

谷津田のような場所は水害の危険性が低いだけでなく、谷津田の近くには林や採草地があり、田んぼや畑に入れる刈敷や緑肥としての生草（なまくさ）や屋根葺材料のカヤ、田畑を耕すための牛馬の飼料である秣（まぐさ）（馬草）などを採るのにもとても便利であった。こうしたことから、最も早くから田んぼが造られ水稲作が続けられてきたところは、里山の谷津田ではないかと考えられている。緑肥というのは、緑のままの生草をそのまま耕地に入れて、土の中で徐々に分解させていくというやり方の肥やしのことである。

谷津田と同じように、古くから造られた水田に山間地の棚田（たなだ）があるが、日本の棚田は、新潟県の東頸（ひがしくび）

城丘陵に代表される地すべり地帯に多くみられる。山地の地すべりによって造られた保水性に富む斜面が、ひな壇状の水田を造るのに便利であって、小さな沢や山腹の湧水から水田に水を引いた。谷津田に比べれば急な傾斜地に造られた棚田は、平野が少なく開発の歴史が古い西日本では、鎌倉時代に増加したと『日本の棚田』（一九九九）の著者、中島峰広が明らかにしている。

田んぼには一年中水を張った湿田と、秋に水を抜くことができる乾田がある。谷津田は、谷から一年中絞りでてくる湧き水を使っているため、田んぼから完全に水を抜くことができなかったため、湿田が多いのが特徴である。谷津田は谷が細長く入り組んでいるところにあるので、田んぼの排水や水路の整備が進まなかった。したがって、現在でも湿田になっているところが少なくない。湿田は一年中水を張っているので、秋に落水して土地を休ませる乾田より、生産力が落ちてしまう。

水はけの良い台地は畑として、谷の斜面は水源涵養の役目も果たす落葉広葉樹の林になっている。このように多様な要素で構成されている谷津の地形は、人々が生活する上でも、とても便利な場所であったに違いない。人々はそこにムラをつくり、谷津の谷頭にある根垂水の吹き出し口近くに、旱が続いたときでも水が十分得られるようにとため池を造り、水源を守っている林が荒れないように手入れをしたりするなど自然を管理してきた。ため池の傍には必ず水神様の小さな祠があった。

谷津田は緩やかに傾斜した谷に造るので、畦は平地の田んぼより段差があるし、曲がりくねっているので、丈夫に造らなければならない。田植前に造り終えた畦には、すぐに草の種が飛んできてさまざまな草が生えるので、一段と丈夫になる。畦の草は刈敷とともに、田んぼにすき込む緑肥にしたり、農作業に使われていた牛馬の飼料や敷料にも使ったりするので、大切な資源であった。谷津田をもっている農家の人たちは、畦の草刈りと、田んぼが影にならないように田んぼに接する斜面に生えている低木の刈り込を頻繁に行っていた。

東北地方では春が遅いので、林の若葉が十分に生長していないから刈敷は使うのが難しいので、夏の間にせっせと草を刈って牛馬に踏ませ、厩肥（きゅうひ）にしてから田畑に入れていた。市川健夫は『日本の馬と牛』（一九八一）の中で、江戸時代から明治初期にかけての牛と馬の分布を見ると東日本の馬地域と西日本の牛地域とに二分されていたと、以下のように分析している。

> 牛は農民的家畜であり、馬は武士的家畜だと言われる。牛が西日本に卓越しているのは、我が国の先進地で、牛車や犂耕が普及していたことに関係がある。畿内では道路の整備が進んだため、牛車の利用が可能となり、また条里制水田が広く分布していた西日本では牛耕がいち早く発展していた。一方東日本に馬が多かったのは、中世を通じて東国の武士団が騎馬を重視したことにも一因があった。

さらに市川は同書で、次のような興味深い点を指摘している。

東日本に多い寒地や高冷地においては、馬の方が「糞畜」としてはすぐれている。馬の厩肥は発酵温度が牛よりも六度も高いので温床に用いるのによく、低温の土壌には肥効が高いと考えられていた。

馬糞の方が牛糞より発酵温度が6℃も高いので糞を利用する家畜、すなわち糞畜としては優れていたという。地理学者の市川の博識には今さらながら感心させられるが、寒冷な東北地方や高冷な中央高地の農村では、牛糞より、馬糞の方が、発酵温度が高いので馬の方が有利であるということがわかる。

こうした寒冷地や高冷地では、どのようにして牛馬の採草地を確保することができるかが大きな問題であった。第二次世界大戦前までは、日本の農村の多くは耕耘や運搬は畜力に頼っていたので、たいていの農家は牛や馬を飼っていた。牛馬一頭を養うためには、1ha前後の草地が必要である。そのため秋までの期間、草刈りが毎日必要であった。この作業を多くの地域では「朝草刈り」といって早朝に行っており、農民にとっては、まさに「朝飯前（あさめしまえ）」にやり終えなければならない仕事であった。集落全体で使える広い入会秣場（いりあいまぐさば）をもっていないところでは、人々がいたる所で草を刈るので、草が不足した。それ故、谷津田の畦も林も農道も農民にとっては重要な採草地になった。林の中も夏の間に草刈りされていたので、冬の落ち葉掃きの時に、林床には邪魔な草はすっかりなくなっていたところもあったという。

畦は満鮮要素の草原

五〇年くらい前までは、林縁や田んぼの畦には、キキョウやワレモコウなどが必ずといってよいほど見られた。『里山の自然』（一九九七）を著した生態学者の田端英雄は、これらの植物はその起源をたどっていくと、中国の東北地区すなわち旧満州や朝鮮半島に由来すると指摘している。こうした植物からなる草原は、満州の「満」と朝鮮半島の「鮮」から採った「満鮮要素の草原」にたどり着くという。田んぼと田んぼを分ける畦は一見すると幅が狭いようだが、畦は畦につながり、かなりの面積の草原になる。満鮮要素の植物は氷河時代に、日本列島が今よりずっと乾燥していた時期に、落葉広葉樹林の中を通じて日本列島に定着してきたのではないかと、田端は推定している。最終氷期には北アメリカやヨーロッパ北部には大陸氷河ができて、その分だけ海面が低下していた。現在より海岸線、専門用語では汀線というが、それが現在より130㎝ぐらい下がったと考えられており、北海道はサハリン（樺太）とつながり、ユーラシア大陸の半島のようになってしまった。瀬戸内海や東京湾はなくなり、屋久島や種子島、対馬は九州につながり隠岐島も本州につながり、日本列島が今よりかなりふくらんでいた。そして、対馬海峡が閉じ、朝鮮海峡がかろうじて開いているという状況であった。つまり、日本海は大きな湖のようになっていて、暖流の対馬海流も日本海には入り込めなかったので、日本列島の積雪量も現在のおよそ四割少なかったと推定されている。日本列島は全体として乾燥し、中国地方から能登半島あたりまでが、現在の中国や朝鮮半島と同じ程度に乾燥していたことになる。

氷河時代の日本の古植生を調べてみると、北海道は氷河および高山の裸地とハイマツがあるような草地もしくは疎林になっていた。北海道の西部から東北の北部・本州の中部くらいまで亜寒帯針葉樹林で、関東や北陸から中国地方・瀬戸内までが落葉広葉樹で、シデ類やクヌギ・ミズナラ類が占めていた。それより南が照葉樹林帯であった。したがって、中国東北地区の旧満州から朝鮮半島を経由して、落葉広葉樹林を介して乾燥気候に適したいろいろな動植物が日本に入ってきたのではないだろうか。

最終氷期以降、満鮮要素の草原が日本でみられるようになったのだが、それは縄文時代のすこし前で日本列島には、もう人々が住んでいた。縄文時代になると人が森林に火入れをしたり、焼畑を行ったりして自然の植生を攪乱し、壊し始め、その結果、草原が広がっていく。そして弥生時代になると人が谷津田のようなところで水田稲作を始め、それにともなって畦や土手などができてくる。1-6の写真のように畦の満鮮要素の草は人に刈られたりするので、ススキやクズなどの生長の早い多年生の植物などに覆いつくされないで、生き長らえることができたのである。

1-6　日本の里山で普通に見ることができたオミナエシやワレモコウなどが咲く満鮮要素の草原、人が草木を刈り払うことによって維持されてきた
【口絵❽参照】

こうした草本はキキョウ、ワレモコウ、オミナエシ、リンドウ、シオン、クララ、オキナグサ、ホタルブクロ、シロヤマギク、カワラマツバ、イカリソウ、ソバナ、ゲンノショウコ、ヨモギ類などである。朝鮮半島や中国東北地区の草原的な植物たちが、日本の畦や土手で新しい生息域を見つけだしたのだと田端は指摘している。

ところが、畦が採草地として使われなくなってくると、除草剤で駆除されだした。さらに畦をコンクリートにして、除草や畦塗りの手間を省くところが多くなってきた。谷津田が休耕田となると、畦の草刈りも行われなくなり、畦はクズやススキにまたたく間に覆われてしまう。このような畦は非常に暗く湿度も高い状態になり、満鮮要素の大半の植物は生き残ることが難しくなってしまう。かつて里山には、草地性の植物を食草とする蝶がいた。クララという草を食べるオオルリシジミや、スミレを食草とするオオウラギンヒョウモンなどが、そういった蝶である。畦の満鮮要素の草地が姿を消すにつれて、こうした蝶たちも絶滅してしまうことになる。つまり、キキョウやリンドウをはじめとする満鮮要素の植物は草刈りが必須であり、「草刈りによって栽培されてきた」と言っても過言ではないほど、里山地域の農作業や農村生活に依存してきた種なのだ（口絵❽参照）。

里山地域の動植物の保全は、自然の成り行きだけに任せていたのではだめである。長い歴史の中で、農作業やイネとの共存に適応したさまざまな生物は、こうした人為的環境下でしか生き長らえないことを私たちは理解すべきである。

谷津の環境は自然の宝庫

台地や丘陵の縁から絞りでるように出てきた根垂水と、天水（てんすい）の降雨に頼って、谷津田では米がつくられてきた。林に囲まれた丘陵の斜面から湧き出る根垂水は、一年中同じくらいの水温で、冬は温かく感じるが、イネを作るには冷たすぎる。そのため、農家は根垂水を直接田んぼに入れないように周囲に溝を掘り、湧き出した水がその水路を一回りして温まってから水口（みなくち）から入れるようにしている。北関東の谷津田の地域では、これを「ひよせ（陽寄せ）」と呼んでいる。

1-7　田の脇に掘られたぬるめ（長野県信州秋山郷）

中央高地の信州では「ぬるめ（温め）」、佐渡では「江（え）」などと呼ばれるこの水路も、動植物の宝庫になっている。メダカ、ドジョウ、アカガエル、イモリなどが棲んでいる。ヘビやトビも餌を求めてやってくる。水の中にはクロモ、スブタ、ミズオオバコなどの水草が生え、土手の近辺にはミソハギ、アギナシ、ワレモコウ、タコノアシなどが生える。山菜となるゼンマイやギボウシ、ツリガネニンジン、クサボケ、アケビなどの生育地でもある。

水田稲作にとって大事な用水を確保するためには、土に溝を掘って造られた泥の用水路は、毎年、田んぼに水を入れる前に整備しなければならなかった。湧き水から常に流れてくる水はかなりの土を削り、運び、水路の底に堆積させる。田んぼに水を張る前にこの土をさらい、水が流れやすくしてやる。水路の途中に土が崩落しているところがあれば、笹や、木の小枝の粗朶（そだ）を使って土崩れが起きないように補修してやらなければならない。

泥のままの水路は水草やセリなどの水生植物が根を下ろすことができる。こうした植物が生えているところは水の流れが緩やかになり、魚やザリガニの隠れ場所や小魚の産卵場所になったりする。田んぼと田んぼの間をくまなく通る水路は、水生植物にとっては重要な生活の場であったり、水生昆虫や魚やカエルにとって、安全な場所を探して生活したりするための重要な回廊の役割を果たしている。

雨の少ない地方では根垂水と田んぼを水路によって結びつけるだけでなく、ため池も造られているところが多くみられる。ため池の集水域には水源を守るための木が育てられ、ため池にはヒシやジュンサイをはじめとした水草が生育している。ため池で繁殖したコイやフナは、農民の貴重なタンパク源となった。土手には水神様の祠がまつられ、村の人々が共同出役をしてため池を管理してきた。

大規模な水田地帯では、農用林をほとんど見ることがないが、台地や丘陵地にある谷津田には、田んぼと里山のかかわりの原型が今も残されている。しかし、生産性が低い谷津田は、近年、耕作放棄されたり、住宅地やゴルフ場の開発によって潰されたりしている。また水田での化学肥料や農薬の散布、両岸と川底の三面コンクリート張りにされた用水路、手入れをされずに放置された林など、谷津田周辺の様相は一変しているところも多くなっている。

谷津田を奥に進むと木々に覆われたヤマに突き当たる。谷津田を囲むヤマは、日照り続きの時も水が涸れないように農民たちが維持管理してきた二次林である。そして、ヤマの樹木は刈敷や生草や落ち葉など農業の再生産に用いる資材となり、薪炭材や建材など農村生活を維持するための資材に都合のよいクヌギやコナラなどの落葉広葉樹やアカマツが多くみられた。早春のこのヤマの中では、木々が葉を茂らす前のつかの間に、カタクリやキツネノカミソリ、イチリンソウ、ニリンソウなどが葉を広げ、花を咲かせている。これらの植物は早春にだけ姿を現すので、「春植物」あるいは「スプリング・エフェメラル（春の短い命）」と呼ばれている。落葉広葉樹の木々が葉を広げる五月になると、葉を落とし、翌春まで土の中で眠っている。

カタクリはヤマの中の木々が葉を広げる前の期間にだけ、地面に当たる光で一年分の栄養を光合成によって得る植物である。カタクリをはじめとした春植物たちも、畦の草原植物たちと同様に氷河時代に落葉広葉樹林の中で分布域を広げていたものである。氷河時代が終わって暖かくなってくると、西南日本は照葉樹林帯に変わったので、常緑樹が生い茂る一年中暗い林の中でカタクリは暮らしていけなくなった。五〇〇〇年くらい前に落葉広葉樹林が関東地方から関西地方にかけて平野をまだ覆っていた頃に、縄文人が焼畑農業を始めた。焼畑の後に、遷移によって二次林のクヌギやコナラの落葉広葉樹林ができたのである。谷津田で水田稲作を始め、台地上で畑作をするようになると、刈敷を使ったり、落ち葉や生草を取って緑肥にしたり、木を伐って薪炭にするために、二次林を維持してきた。こうして、カタクリは落葉広葉樹林の北向きの斜面で、氷河時代の遺存種として今も生き続けている。

谷津田での米づくりは、ヤマすその草や低木を刈り払っておく、「刈り上げ」という作業から始められる。その後、冷たい根垂水が直接水田に入らないようにする溝を、田んぼの周りに掘り回しておかなければならなかった。そして、家から近くて水の便がよい田んぼに、苗代を作り四月一五日頃に種籾を蒔く。その上にとっておいた前年の籾殻を焼いて作った、燻炭状の真っ黒な籾殻灰を、びっしりとかけて油紙で覆っておく。苗代の苗が大きくなって油紙をはがす時期になると、田んぼや水路にはドジョウやタニシがいっぱいいた。ドジョウやタニシは、人間が作りだした田んぼという環境に適応したもので、農民の動物性タンパク質供給源としても重要であった。もちろん、田んぼの土の攪拌や排泄物が田面水の養分濃度を高めてくれるので、植物の生育や収穫量を高めてくれるのに役立ったのである。しかし、第二次世界大戦後に化学肥料や農薬の使用が増加するにつれて、ドジョウやタニシも姿を消しつつある。

昔は、田んぼの耕起は牛馬を使って二度行っていた。四月中頃になると、「カベタ起こし」といって刈り跡の稲株をひっくり返す「荒起こし」をする。その後二度目の「うないかえし」をして、元肥として水を張った田んぼに、里山から採取した小枝を敷き込み、生草を踏み込んだ。春に芽吹いたヤマの木々の新しい小枝や葉を分解させることなく緑のままで「緑肥」として直接田んぼに投入されるのが刈敷である。このような方法は一九五〇年代中頃の昭和の半ばまで全国で行われていた。

クヌギの柔らかな新葉は、田んぼに入れるとすぐに分解を始め、土の中におだやかに溶け込んでいく。踏み込まれた若枝や樹皮は、上昇する水温によって徐々に分解し、イネはそれらの肥料分を吸収し、刈敷が分解するときに出す醸熱（じょうねつ）によって温められて生育した。一年間では腐らない大きめの枝は、翌年の春の田起しの際に掘り出して、捨てずに乾燥させて大切にとっておき薪として使った。コナラやエノキなども使われていたが、一番多く使われていたクヌギの葉は柔らかく、樹皮がコナラより厚く枝数も多く採れるのだという。落ち葉は、そのまま田畑には入れられないという。それは葉が分解され腐熟する時に熱を出すためだ。そのため落ち葉を利用する時には場所を決めて積み重ね、あるいは牛馬の糞尿と混ぜて発酵熟成させる。こうすることで作物に利用できる「堆肥」となる。刈敷はこうした手間や資材がなくても、田畑の土質を改良し、栄養分を補給する肥やしとして使うための農民の知恵だった。

人糞尿も入れながら、土の固まりをさらに小さく、軟らかくした。刈敷は魚肥や海藻の豊富な海岸地域を除けば、古代から全国的に水田の施肥として利用されてきた。しかし、関東の谷津田のある里山地域では、刈敷は第二次世界大戦前から、肥料商で買ってきた大豆の〆粕や魚肥の干鰯などの金肥、化学肥料の硫安（硫酸アンモニウム）に取って代わられた。それでも戦後の肥料不足の時には、しばらく刈敷が復活していた。

谷津田における田植準備の最後の仕事は、水が漏れないように畦に泥を塗る「クロヌリ」であった。前年に土壁のように塗ったところを鍬や鋤で切り取り、その面を木製の槌のカケヤで打ち固め、水漏れを防ぐように締めるとともに、新たに泥を塗りやすくする。あらかじめ泥をこねて準備したものを鍬で畦際に土壁状に斜めに塗っていく。この「クロヌリ」の作業はケラ、モグラ、ネズミなどに壊されて水漏れが起きないようにする大切なものである。そして六月一〇日前後に代掻きをして、六月二〇日頃に田植をしていた。田植の時期は、現在より一カ月半は遅かった。田植と稲刈りが早くなったのは、戦後の保温折衷苗代の発明や品種改良などによって、「早蒔き・早植え・早刈り」が可能になったからである。保温折衷苗代というのは、田んぼの脇に作った水苗代と、畑に作った畑苗代の両者の利点を取り合わせた苗代のことで、さらに油紙で苗代の床面に覆いをしてイネの生長に好適な温度に保温する苗代である。一九三二年頃長野県軽井沢町の農民の荻原豊次が考案し、長野県農業試験場によって改良が加えられ全国に広まっていった。油紙は、後にポリエチレン・フィルムへと変化したが、保温のために発熱資材や電熱などを用いることなく、太陽熱を十分に取り入れて保温育苗するので資材や設備費が節約される。また育苗の規模を大きくし、大量の苗を作ることができるとともに初期生育が促され、健苗を早期に育成してきただけでなく、第二次世界大戦後、寒冷地の育苗法に広く採り入れられて生産の安定に貢献するとともに、四国や九州などの西南暖地の早期栽培にも役立ってきた。

　機械力に頼らない頃の田植の作業は、おおよそ一人一日五畝（5a）をこなすのが精一杯だった。自分の家の田植が早く終わると、近所の家に手伝に行く「結」という互助制度があった。カヤ葺屋根の葺き替えや、田植など共に働くことによって、共同体のきずなが強められていた。田植の後、三度の中耕・除草を行った。一回目は六月の末に、二回目は七月の二〇日頃、三回目は八月上旬だった。夏の暑い直射日光を避けるために蓑を着て、さらにケイ素が多く含まれているイネの葉で、皮膚が切れるのを防ぐために腕をおおう「手さし」をつけて、かがみ込みながらの過酷な重労働だった。その間、干ばつで灌漑水が少なくなると、村むらの水の取り合いが始まり、夜通し水の番をしたこともあったという。

　この頃台地の畑では麦刈りと、サツマイモ畑の草取りの仕事もあった。土用の頃に、ヤマに接した畑では、篠竹が畑に入ってこないように、ヤマと畑の間に溝を掘った。これを「藪切り」と呼んだ。八月になると、乾田化した田んぼでは水を一時落水して、「中干し」あるいは「土用干し」という作業を行った。田の水を一時的に抜くことによって、土中のイネの根に酸素を供給し、根を丈夫に発達させるためである。あわせて土壌を乾燥させることによって前述した「乾土効果」を図るという合理的な技術であった。この中干しは、江戸時代中頃から始まったといわれているが、水田ならどこでもできるというわけではない。田んぼの排水が簡単にでき、再び田面に水を張るための用水が十分に得られることが前提であって、降雨だのみの天水田ではできないし、完全な平担地で大河川のデルタの稲作地域のようなところでは、これまた不可能に近い。したがって、中干しの技術は大部分の田んぼが、傾斜のある場所に階段状に造られている谷津田や棚田の地形の方が向いている。そうした自然条件だけでなく同時に多大の労力を投入して、用排水施設を整備してきた蓄積の上に中干しの技術ができあがった。

　ところで最近、中干しが地球温暖化防止の面で役立っていることもわかってきた。先に述べたように、水田は強力な温室効果ガスであるメタンガスの排出源になっているが、メタンガスの発生を抑えるには夏場に水田から水を抜いて、イネの生育を向上させる中干しの期間を延ばせば有効であることがわかってきた。メタン生成菌は嫌気性のために、酸素があると活動ができない。したがって、水を抜いて土壌に酸素を供給すると温室効果ガスのメタンガスの発生が抑えられる。中干しの期間を一週間程度延ばしたり、水稲栽培中に湛水と落水を繰り返す「間断灌漑」を考えだしたりして、メタンガスの発生を抑制している。これらの方法は、費用や労力があまりかからず、米の収量を落とさず、しかも灌漑水の使用を減らせることが明らかになっている。ところが、日本で考えだされた地球温暖化を防ぐこともできる素朴な中干しの伝統的な技術も長期に渡ることになれば、関東平野以北の本州に棲むトウキョウダルマガエルのオタマジャクシを日干しにしてしまうのではないかなど、水生動物の生物多様性を奪うことにつながるのではないかと懸念する声も研究者からあがっている。

早春の谷津田の生き物たち

里山に春が来て田んぼで耕起、代掻き、施肥といった作業が進んで田植が行われる頃、田の水の栄養塩類濃度が極度に高まり、植物プランクトンが異常繁殖する。すると、それを食べる動物プランクトンが異常繁殖する。プランクトンがいる間は、小魚や若い水生昆虫が豊富な餌を食べて育っていく。四、五月頃に田んぼで起きる春たけなわのこの現象を「スプリング・ブルーム」と言うそうだ。栄養塩類が消費尽くされるとプランクトンは急激に減少し、六、七月頃はスプリング・ブルームが収束する。その後は、イネの上で生活するウンカ、ヨコバイ、クモなど昆虫や小動物が水面に落下して、水生動物たちの重要な餌になる。

まだ春浅い時期に谷津田の中を、目を凝らして覗いてみると、アキアカネの小さなヤゴが動き回っているのに気づく。赤トンボとしてなじみ深いアキアカネは、夏は高い山で過ごしているが、秋になると平地に降りてきて、稲刈りの終わった後でも水が残っている湿田の谷津田に産卵する。谷津田に産み落とされた卵は、来年、幼虫のヤゴになる。アキアカネの卵は10℃以上になると孵化してしまう。卵は凍った水の中で越冬できるが、ヤゴは水が凍ると死んでしまうので、卵が孵化する心配がなくなる秋も深まった頃、山地から下りて産卵するという。アキアカネも氷河時代に、大陸から日本に渡ってきたものである。アキアカネでも高山に棲むものは夏になって孵化し、すぐに産卵する。氷河時代に渡ってきた頃はそうした生活をしていたのだが、温暖化するにしたがい、それに適応するために山地と里山とを往復する生活が始まったものと考えられている。

アキアカネの卵が孵化する春先、やはり氷河時代に渡ってきたニホンアカガエル、ヤマアカガエル、サンショウウオ類などの両生類も湿田で産卵をする。こうした両生類の卵は水温が高すぎると死んでしまう。最近では生産力が高くなるように乾田化が進められてきたため、ニホンアカガエルやトウキョウサンショウウオなどの産卵場所が少なくなっている。春先に田んぼが出産ラッシュになるのは、水の張られた田んぼは適度な温度で、プランクトンが豊富であること、流れがないこと、それに外敵が少なかったためであろう。カエルは昔の田植時期であった六月までに、オタマジャクシの時代を終える。オタマジャクシからカエルになって畦にはい上がり、畦にいるコオロギの幼虫が手頃な餌になる。そして夏には、涼しく湿ったヤマの中で暮らしている。生き物もまた、谷津の農作業やイネとの共存に適応しながら、谷津の耕地生態系の中で生活のリズムを刻んでいた。

谷津田・ため池・ヤマはセット

田んぼを潤した水は水路に落ち、やがて下流の川に流れ込む。田んぼの水は下流の大きな川ともつながっている。五月になって田んぼに水を張ると、田んぼで温められた水が水路を伝って大きな川に流れ込む。すると大きな川からコイやフナやナマズが水路や、田んぼの中に入ってきて産卵する。産卵を終えた親魚はすぐに大きな川に戻るが、生まれた稚魚は流れに逆らって泳げるくらいになるまで田んぼを揺りかごのようにして暮らす。たくさんのカエルやドジョウがいるので、それを餌とするヤマカガシをはじめとしたヘビや、サギ、モズ、サシバなどの鳥類も谷津では多くみられる。

ため池に棲んでいるゲンゴロウ、タイコウチ、ミズカマキリなどは、田植が終わった田んぼに飛んできて畦などに産卵をする。その飛行距離は1〜1・5㎞にもなるという。孵化した幼虫は、浅くて温かい田んぼの水の中で、魚の子供やオタマジャクシなど豊富にある餌を食べて発育していく。田んぼで成長した幼虫は八月頃に成虫になると、ため池に飛んで帰り、そこで生活し、越冬する。八月頃に乾田では田んぼの水を落水して「中干し」の作業を行うが、まるでゲンゴロウは乾田に水がなくなってしまうこの作業を心得ているかのようなタイミングである。

谷津田を囲む自然は、水田稲作の始まった弥生時代から引き継がれてきた。何千年という時代をかけて棲み着いたこうした多様な生物は、田んぼに水を張る時期や田植、中干し、畦の草刈りなどの農事暦を知り尽くし、それにあわせて繁殖をしてきたかのようである。そして、谷津ほどの小さな面積でこれほど多様な要素を持つ環境を作りだすことは難しい。

ニホンノウサギは林の中をすみかとしているが、餌場は田んぼの畦やため池の土手や台地上の畑などである。ニホンイシガメも里山地域の複数の異なった自然環境を行き来しながら生きているという。このように里山の生物には、二つ以上の違った環境がなければ繁殖できない種が多い。生物に限らず農業にしても田んぼ・畦・水路・ため池・ヤマはそれぞれの役割があり、一つ欠けても成り立たなかった。谷津田を囲む環境はセットとして考えることが重要である。

秋になるとハツタケやアミタケ、シメジなどのキノコがヤマで採れた。子供たちは学校から帰ると小さいザルを持って、ヤマに採りに出かけた。春のタケノコは他人の竹林で勝手に採ることは許されなかったが、秋のキノコ類はどの家のヤマで採ってもよかったという。ヤマでは蜂の子とりも行われていた。

稲刈りは、今よりずいぶん遅く、一一月一〇日前後だった。湿田の谷津田では田下駄を履いて冷たい水に足がもぐらないようにしたり、ヒル除けの袋をはいたりして稲刈りをした。そして、刈ったイネを田んぼの中に組んだ稲架(はさ)に、穂を下にして掛けて乾燥させた。稲架の横に渡す長い棒は、アカマツのまっすぐな材やモウソウチクをヤマから伐り出して使った。晴天が続けば、一週間ぐらいでイネは乾燥するが、雨が続いたりすると一カ月も干さなければならないときもあった。その後、脱穀と籾すりの仕事が続く。米はふつう谷津田一反歩（10ａ）から七、八俵ぐらい穫れた。六俵供出して残りを自家飯米用にとっておいた。脱穀をすませた稲藁は、田んぼに積み上げられて「ワラボッチ」を作り、しばらく乾燥させておいた。地方によってワラボッチの形はさまざまであるが、稲の刈り口を外側にして束ねて積み重ねていく。ワラボッチの中は暖かいのでヘビや虫たちの隠れ家になる。それから藁を屋敷地内の藁小屋に運んで、大切に保存しておいた。藁は薪を焚きつける時に使ったり、わらじや米俵を編んだり、縄をなったり、落ち葉と混ぜて堆肥に使ったりするので、いわば生活必需品であった。しかし現在は藁を使わなくなったので、コンバインで脱穀しながら藁を小さく刻んで有機物として田んぼに撒いている。

農作業が一段落し、ヤマの木々が黄葉し落葉すると、カヤ刈りや落ち葉掃きが一家総出で始められた。そして、ヤマもちは山師に頼んで薪切りを始め、萌芽更新(ほうがこうしん)の作業を始めた。ヤマを所有していない農民は、ヤマもちに交渉して伐採した松の木の根っこを掘らせてもらって、家に運び乾燥させて燃料として大切に使った。どのくらいの量の薪や粗朶が、一年間で使われていたのだろうか。茨城県林業経営指導所が行った一九五八（昭和三三）年の調査によると、常陸台地では農家一戸当たりの薪の年間平均消費量は一七八束（一束10 kg）で、粗朶が五五段（一段60 kg）であった。今からほんの七〇年くらい前の調査であるが、当時、年間５ｔ近い薪や粗朶が一軒の農家で使われていたことがわかる。第二次世界大戦前はもちろんのこと、戦後しばらくの間の燃料が不足した時期に、薪は相当な現金収入源になったので、ヤマもちは他人が入って薪を取るなど荒らされてはいけないので、ヤマを夜通し見回る「ヤマ番人」を頼んだりしていた。「ヤマイモ掘り」は冬季の楽しみの一つだ。自然芋(じねんじょ)のヤマイモは、枯れた葉が落ちずに蔓についているうちが探しやすかった。イモの上部を少し残して、下の方を掘り採ると、残った部分からまた生長していく。一冬に二〇～三〇本は採れたという。「根絶やしにしない」という二次林の中で育まれてきた循環と省資源を基礎とする文化の一面を垣間みることができる。すり下ろしたトロロに卵を混ぜて、温かい麦飯にかけて食べるとおいしくて食がすすんだ。

刈敷と農耕馬

明治時代の農業が「刈敷農業」とも呼ばれていたことから、刈敷を得るための落葉広葉樹林は農業生産には不可欠のものであったことがわかる。犬井正の『里山と人の履歴』（二〇〇二）によれば、長野県の安曇野では一般に大正時代まで刈敷が施用されており、とりわけ明治中頃が最盛期であった。ただし、一部の農家は一九三五（昭和一〇）年頃まで使われ、第二次世界大戦中は肥料不足で、刈敷や採草で水田肥料を補う農家も少なくなかった。当時、屋敷地に近いクヌギ・コナラ林は、もっぱら現金収入をもたらす山繭の飼育専用になっていたために、刈敷は主に、旧入会地であった共有の里山から採取されていた。ただし、共有林から遠く離れた集落の人々は、自分の田んぼの畦に直接クヌギやハンノキを植たり、川岸の周りの沖積低地に多く自生するハンノキやヤナギなどの新梢葉を採取して刈敷としていた。現在でも万水川の河畔には、かつて刈敷を採取していたとみられるハンノキが残っている。収穫した米を自然乾燥させるために干す稲架としても用いたられた畔のハンノキには、マメ科以外の植物の根に共生して根粒をつくり大気中の窒素ガスを固定する、放線菌のフランキア（*Frankia*）を根に繁殖させる働きがある。したがって水田の窒素分を横取りするどころか、むしろ田んぼに窒素を補給する作用がある。

畦には野草だけでなく、しばしば大豆が植えられ、これを農民は畦豆と呼んだ。畦豆を植えることにはいくつかの効果がある。第一の効用は生態的効果である。序章で触れたように、マメ科の植物は空中窒素を固定する細菌（バクテリア）の根粒菌を根に共生させている。田んぼを囲む畦にぐるりと大豆を植えておけば、大気中の約八割を占める窒素を吸収・固定する根粒菌から窒素肥料分が供給できる。畦豆の二番目の効用は豆を植えておくことで生態系の中の多様性が保たれる。おいしい枝豆として食べる畦豆を植えているのであれば、除草剤は使えないし、コンクリートで塗り固められることもないので、他の植物も生えてくることができる。畦豆の第三の効用は、豆の育ち具合を見たり収穫したりと農民が頻繁に田んぼに足を運んだことではないだろうか。その際に畦が崩れてないか、田の水の過不足や水温が高すぎないか、雑草が出ていないか、イネに病虫害が発生していないかなどもたちどころにわかり、対処も早くできる。イネがよく育つかどうかは、なによりも「頻繁な農民の足音」だそうだ。これも農民が長年の自然とのかかわり方の経験から、学び取った優れた知恵であった。

1-8　大豆の根に付着した白い粒が根粒菌によって固定された窒素

また、「下草小作」により、小作農は山林地主の平地林からも下草や落ち葉を入手し、肥料にしていたのである。八十八夜を迎え、北アルプスの爺ヶ岳に「種まき爺さん」の雪形が現れると、農民は「苗代しめ」を行い、畑に野菜の種を蒔いた。そして里山の刈敷林が芽吹く五月下旬から六月にかけて、共有林の山の口が開き、刈敷刈りが解禁となった。

山の口開けの日は、馬を引いて日の出前に家を立ち、夜明けとともに競うようにして刈敷を刈った。里山での幾日にも及ぶ刈敷の採取は大変な重労働のため主に男の仕事で、コナラ、クヌギ、クリ、ハンノキなどの新梢葉を中心に刃の分厚い鎌で刈った。一方、刈敷を運ぶのは女衆の仕事であった。人の背に背負ったり、縄で束ねて馬の背にのせたりして「刈敷道」を通って、田んぼに何度も運びこまれた。遅くとも六月上旬までに刈敷は刈り取られ、山の口は閉められた。

　馬の背には両脇に、長さ二、三尺（約60～90㎝）の枝を三束ずつ計六束が振り分けられて積まれたが、これを一駄（約１１０kg）と呼んでいる。田んぼの畦まで運ばれた刈敷は、裏作に大麦がつくられた田んぼを中心に、荒代が掻かれた泥田に若葉や小枝がついたまま撒かれ、踏み込まれた。その投入量は一反歩（10ａ）当たり、１・７～３・９ｔ（一五～三五駄）にも達したという。刈敷踏み（田踏み）は、婦女子の仕事でもあり、素足のまま、あるいは田下駄や大足を足につけて田んぼに入り、刈敷を踏み込んだ。馬を所有している人は、「馬まわし」と呼ばれ、鼻輪に六尺ほどの棒を結びつけた「踏馬」を田に入れ、泥田の中を引き回したり、馬に「代車（しろぐるま）」や「コンペト車」を引かせたりして、「刈敷踏み」や「荒土塊（あらくれ）壊し」を行った。コンペト車というのは、１－９の写真のように丸太材に五〇枚くらいのケヤキ製の歯を打ち込んだもので、その上に人間が乗る板の台を取り付けて、田んぼの中を馬に引かせたものである。歯が「金平糖（こんぺいとう）」の突起に似ていたので、この名がついたという。荒土塊の多い安曇野地方で発明された農機具で、一九四〇年代半ば（昭和二〇年代）まで使われていた。

こうして、緑肥として刈敷が踏み込まれて本代（ほんしろ）が掻かれた田んぼに、六月中旬から下旬にかけて敷き込まれた小枝の間に田植が行われた。踏み込まれた若枝や葉が、上昇する水温によって徐々に分解し、イネはその肥料分を吸収し、同時に分解する時に出す醸熱によって温められて生育した。

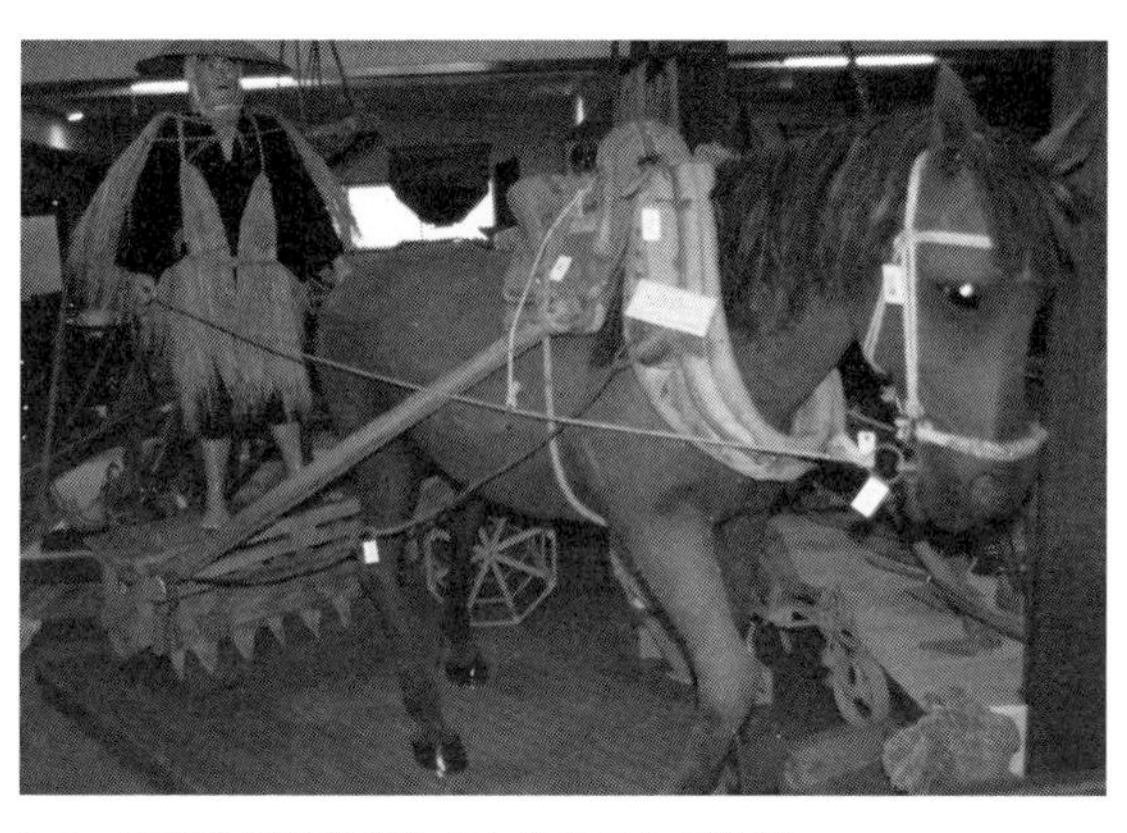

1–9　刈敷を田に敷き込むためのコンペト車

（長野県穂高町郷土博物館の展示）

このように刈敷農業の時代には、刈敷の運搬や踏み込み・代掻きなどの諸作業に馬が果たした役割は大きかった。しかし、山間地と異なり一部の地主を除けば、信州の安曇野では馬を所有している農家は少なかった。そこで馬を調達するために、上水内（かみみのち）郡や北安曇郡などの山間地の馬産地から、農繁期にだけ、馬を借りてくる貸馬・借馬慣行があった。この慣行は江戸時代中頃に成立したといわれているが、この地域では第二次世界大戦前まで盛んに行われていた。刈敷刈りの始まる少し前の五月中旬、一二、一五、一八、二二日に現在の長野県大町市借馬（旧借馬村）に馬市が立った。市の日には「作馬」を借りに、有明から北へ20㎞を歩いて出かけた。貸借期間は一般に五月中旬から田植の完了する六月中旬までの一ヶ月間であった。馬の貸借料はその馬の能力に応じてさまざまであったが、「上げ取り」といって、決済は「上げ馬」の時、すなわち仕事が終わって馬を返す時に支払うのが慣行であった。また、水稲収穫後の一〇月一〇日に支払う「一〇日夜取り」という決済の仕方もみられた。貸借料は米一駄に少々の金銭を加えることもあったが、ほとんどが物納であった。また、馬を返す時にワサビや稲藁を、土産として一緒に馬に付けたりもした。旧穂高町の水田地帯の馬もち農家は、農繁期が過ぎると馬を美ヶ原牧場に山上げしたり、里山に近い牧(まき)集落の農家に預けたりしていた。このように、当時、農業経営に必要であった馬は、一八六〇年代後半の明治初年には一〇二九頭を数えたが、一九三〇（昭和五）年には四五五頭、そして一九七〇（昭和四五）年には一一頭に減少した。

ゲンゲと金肥

二〇世紀の明治三〇年代になると、刈敷や落ち葉、稲藁、堆肥・厩肥、木灰などの自給肥料に加え、大豆粕やイワシやニシンの〆粕といった魚肥、骨粉、チリ硝石、生石灰などの金肥が普及してきた。さらに、一九〇七（明治四〇）年頃からはゲンゲ（*Astragalus sinicus* 紫雲英）栽培が安曇野一帯に急速に広まり、大正時代を最盛期に一九六五年頃まで栽培されていた。ゲンゲは中国原産で、多年草のマメ科の植物で、紅紫色で白い斑紋のある蝶の形をした花を八〜

一〇個つける。春、ゲンゲが咲くと、田一面、紅紫の絨毯を敷き詰めたようになる。「レンゲソウ（蓮華草）」というのは、この花を蓮の花に見たてた呼び名である。ゲンゲの種子は美濃（岐阜県）から購入されていた。この地域におけるゲンゲ栽培の普及は、松山犂の開発に伴う牛馬耕の普及によるところが大きいといわれている。ゲンゲの種を蒔くのは八月下旬の水田の落水後から始まり、九月下旬が適期とされ、裏作物として生育越冬させる。そして翌年の五月下旬の開花とともに馬を田んぼに入れ、犂を引かせてゲンゲをすき込んだ。ゲンゲはマメ科植物なので、根に根粒菌が付着して大気中の窒素ガスを土中に固定する。この窒素固定力は強大で、10㎝ほどの生育で、おおよそ10ａ当たり7～9㎏の窒素を固定できるというから驚きである。これは後作として植えるイネの肥料になるし、ゲンゲの種子を蒔くと、その根が土中深く潜り込むために、土を深く耕したときと同じように空気が通いやすくなる効果がある。ゲンゲは明治時代末期から化学肥料が出回る前まで、効き目が優れた緑肥として、金肥とともに主要な肥料になっていた。だから、春になると田んぼは一面のゲンゲ畑になり、1－10の写真のように紅紫色に染め上がった（口絵❾参照）。化学肥料の供給が少なかった当時、魚肥などが相当高い価格で取引されていただけに、新しい速効性の自給肥料としていかに重要視されていたのかがわかる。ゲンゲが普及すると、里山から刈り出していた重労働が伴う刈敷は、次第にその必要性が減じられていった。

窒素肥料は主に光合成を行う葉に影響する成分で、全ての作物の生育と収穫量に最も大きく

1-10　かつて田んぼは春になるとゲンゲの花で深紅の絨毯を敷き詰めたようになった　【口絵❾参照】

かかわる栄養素である。植物体のタンパク質や核酸などを作るもとにもなり、茎や葉を伸長させ、葉色を濃くするため「葉肥（はごえ）」とも呼ばれている。二〇世紀初めの大正時代になると窒素肥料の工業生産が盛んになり、豆粕や魚の〆粕、骨粉などの有機質肥料から無機質の化学肥料への移行が急速に進行していった。硫安や石灰窒素、過燐酸石灰、硫酸カリといった化学肥料が、大正から昭和時代にかけて全国的に普及した。

木村茂光の『日本農業史』（二〇一〇）によれば、米の反当収量は一八六〇年代後半の明治初年の一・二四石から大正前期に一・八五石、昭和期には一・九五石へと急速に伸びている。明治初年を一〇〇とすると、大正前期一四九、昭和期一五七であったから二〇世紀初めの大正前期までにはほぼ達成したことになる。

第二次世界大戦後になると、配合肥料や合成肥料も一般的になってきたので、ゲンゲを栽培する農家は次第に少なくなっていった。前述したように保温折衷苗代などの普及により、田植時期を早めることが可能になり、ゲンゲの根粒菌による窒素固定効果が十分上がるまで待てなくなってしまったことも、結果的にゲンゲ減少の後押しをしてしまった。ゲンゲや刈敷、堆肥などの伝統的な肥料は、効果が持続する代わりに、遅効性なのと、効果が現れる時期をコントロールするのが難しいのが難点である。空気中の窒素が固定されて有機成分に含まれている状態を「有機態窒素」といい、タンパク質やアミノ酸などがその代表的な例である。有機態窒素は土壌微生物の働きで「アンモニア態窒素」に分解され、それをさらに硝化細菌によって硝化されると「硝酸態窒素」になって、植物である作物は窒素を吸収できるようになる。その間に時間を要するとともに、降雨や気温に左右されたりして、作物の生長期に合わせるのが難しくなる。その点、化学肥料は最初から作物に吸収されやすい硝酸態窒素を直に供給できるので、窒素を効かせたい時に効かせることができる。したがって、より速効性の化学肥料があれば、人間のカンに頼らなくてもすむので、刈敷や落ち葉堆肥のように手間がかかる伝統的な施肥法に、依存する必要性がなくなるのが大きな利点なのである。

日本の多肥集約の水田稲作は、栽培技術の進歩、化学肥料と農薬の普及、機械化の進展などにより、高い増産意欲に支えられ、ますます多肥集約の度合いを加えながら非常な勢いで収量を高めていった。ちなみに二〇一八年現在、米の反当収量は５２９kg（約三・五三石）であるから、明治初年を一〇〇とすると二八五と三倍近くになった。

江戸時代から明治時代にかけて大きく進んだ湿田の乾田化は、稲作の多肥集約化と同時に、水田二毛作の発展ももたらした。そもそも一年のうちに同じ土地で湿潤熱帯原産の水稲と、比較的乾燥した冷涼な気候を好む麦類、ナタネなどをつくれる条件の土地などは、世界でもめったにない。これは日本の気候が気温の寒暖差が非常に大きく、夏は湿潤熱帯、冬は乾燥冷温帯の気候がみられるためで、特に太平洋岸の特殊な気候条件のおかげである。そして、なにより も用排水の設備が整って初めて水田二毛作が可能になったことは言うまでもない。水田二毛作とは少し違うが、地目交替の一種で田畑輪換というのも見られた。一般に水田状態で水稲の生産を数年間継続してから、それを畑地状態にして、数年間牧草、野菜、飼料作物、工芸作物などの畑作物を栽培して再び水田に還元するということを周期的、計画的に繰り返す耕地の利用方式である。ただし、田畑輪換には水田二毛作のような一年以内での利用転換は含まれない。これによって耕地の物理的性質に変化が与えられ、雑草や病害虫を防除でき連作障害の回避、作物の生産性を向上させることができるというやり方であった。田畑輪換は江戸時代中期から明治初期に近畿地方を中心に綿作と水稲作とが交替で行われ、その後一九五〇年代まで、奈良県や富山県でのスイカ、野菜と水稲の交替、北海道での牧草と水稲との交替の方式が残っていた。そして、これらの田畑輪換では、土壌の性質が改善され、雑草が減り、畑作物の連作障害が回避されて、水稲、畑作物ともおおむね増収になるなどの技術的利点が確認されていた。しかし、昔の田畑輪換は、水田の用水不足、有利な換金作物の存在を前提に成立していたため、これらの条件が解消すると、水田に戻ってしまい田畑輪換は消滅した。

　一九六〇年代の終わりに米の自給達成が現実のものになると、一九七〇年から「稲作減反政策」が始まった。一九七八年に開始された水田利用再編対策の中で、集落営農を組織し水稲と転作作物をブロック・ローテーションという形での、連作の回避、地力回復、村落内の負担の公平性などの理由から田畑輪換が広く実施されるようになった。このような状況の中で大豆を作付した時に、その収量低下が顕在化し、土壌有機物含量などの肥沃度の低下が懸念されている。田畑輪換条件下での肥沃度変動の法則性やメカニズムの解明など、今後、田畑輪換のさらなる研究が課題になっている。

田んぼと肥やしの危機

　話を水田二毛作に戻すと、表作の水稲の裏作としてコムギ、オオムギ、ナタネなどが栽培されてきたが、第二次世界大戦後、まずアメリカとのＭＳＡ（相互安全保障法）に基づくドル借款、武器供与と引き換えにコムギの受け入れによって、水稲作の裏作としての麦作が崩壊していった。その後も、高度経済成長期に政府が工業製品輸出の見返りとして、コムギ、ダイズ、飼料穀物などの輸入政策を強力に推し進めた。その結果、水田二毛作は完全に崩壊して、現在の水田利用方式は水稲単作、連作になってしまった。そして農業労働力の減少、高齢化、耕種と畜産の分離なども相まって、近年では堆肥などの有機物施用量が年々減少しており、土壌中の有機物含有量が確実に低下傾向にある。こうした傾向は、化学肥料、農薬施用の単に量的な増大だけでなく、稲作技術の変化に伴って進行したものである。例えば、化学肥料への依存度増大は、生育後期に重点を置いた追肥技術の発展に結びついており、同時に肥料の形態も硫安、尿素、過リン酸といった単肥から高度化成肥料へと完全に置き換わっていった。農薬もまた、早期栽培や機械化と密接な関連をもちながら、使用量を増大させていった。

しかし、化学肥料は耕地から流亡しやすいという欠点があり、施用した化学肥料のおよそ半分は、流亡してしまう。この流亡した硝酸態窒素が河川や地下水に入り込み、やがては湖沼や海洋へと流れ出し、富栄養化をもたらし、アオコや赤潮の大発生といった環境問題を引き起こすとともに、直接人間の体に害を与える問題も生じている。人間は呼吸をすると血液中のヘモグロビンの中の鉄分と酸素が結びつき、鉄分が体中に酸素を運び、酸素を手放した鉄分は栄養素と結びつき体中に栄養を運ぶ。ところが、高い濃度の硝酸態窒素が体内に入ると、硝酸態窒素は鉄分と結びつき鉄分が毛細血管に運ばれても、酸素を離すことができない。そのため、酸素が欠乏する「メトヘモグロビン血症」を発症させることになる。硝酸態窒素の問題は、地下水を飲料水に利用しているヨーロッパで関心が高くなっている。そこでは化学肥料だけでなく、家畜の糞尿などに含まれるアンモニア態窒素が、硝酸態窒素に変化しながら地下水を汚染するプロセスを含めて深刻な環境問題に発展している。日本では人の被害報告はないが、二〇〇三年一〇月二八日の朝日新聞の記事「環境と農村・都市の持続的発展　農村編上」によると、日本でも少なくとも毎年数十頭の牛が、メトヘモグロビン血症で死んでいるという報告が出ていた。日本では農薬の削減は、強く意識されるものの、肥料の削減の方はあまり意識されていない。しかし第二次世界大戦後、化学肥料の投入量は増え、家畜の糞尿も農地に投入され、その跳ね返りの結果として硝酸態窒素の問題が浮上してきた。

第二次世界大戦後の農業の機械化、化学化とともに、農用林や刈敷などの緑肥の重要性が失われ、その多くが放棄され、そして姿を消し、刈敷林やゲンゲ畑自体も見られなくなってしまった。これらは、肥やしとして使用されていた半分近い窒素を、大気中から固定し、田んぼを肥沃にしてくれてきた。そして水田生態系の中で用いられてきた伝統的な有機質肥料の数々が、生態系の外から持ち込まれた化学肥料に取って代わられたのである。さきに日本の水田土壌の肥沃さを、自然条件で説明したが、それとともに大量の自給肥料を、農民が額に汗して田んぼに運び、毎年投入を繰り返してきた労働の産物であったことも忘れてはならない。

一九六〇年代後半の田んぼにおける堆肥の施用量は、1-11のグラフのように10a当たり500kg前後であった。それが年々減少し続け、五〇年後の二〇一五年の堆肥施用量は、およそ一〇分の一の51kgにまで落ち込んでしまっている。地力増進法に基づき、二〇〇八年に農林水産省から改定・公表された「地力増進基本指針」においては、堆肥の標準的な施用量として、

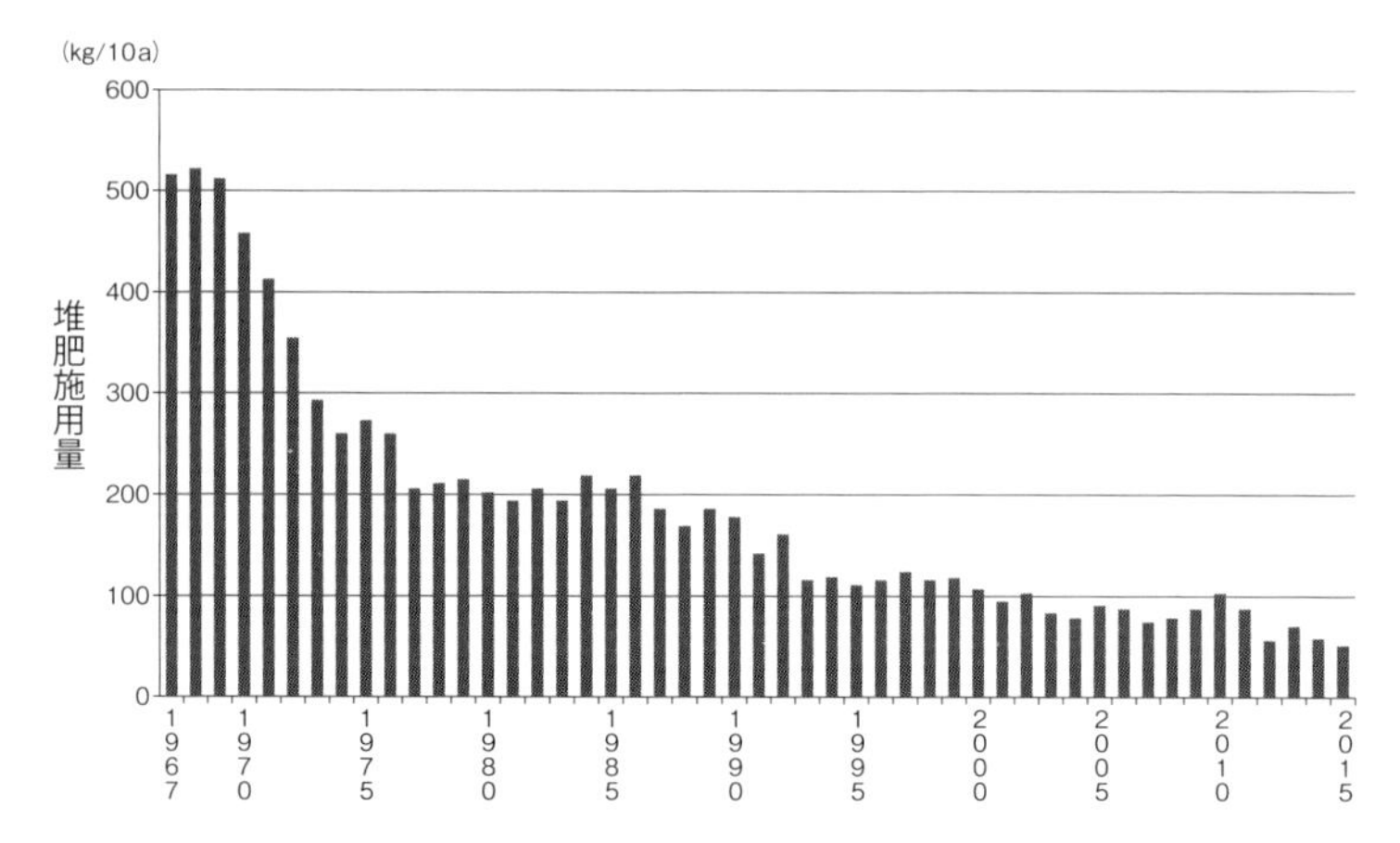

1-11　水田における堆肥施用量の推移（1967－2015年）

地力増進法に基づき2008年に農林水産省から改定・公表された「地力増進基本指針」では、堆肥の標準的な施用量として、稲藁堆肥換算で水田においては10a当たり1〜1.5t、普通畑で1.5〜3tとなっている。畑地における堆肥施用量については、累年統計はないが、水田の堆肥施用量はグラフのように、近年、極端に少なくなっている　　農林水産省「米及び麦の生産費調査」各年により作成

稲藁堆肥換算で、水田においては10a当たり1000〜1500kg、普通畑で1500〜3000kgとしている。これに基づき多くの都道府県において、主な作物ごとに堆肥の標準的な施用量をそれぞれの施肥基準等の中で定めている。しかし、化学肥料など窒素肥料の与え過ぎとそれへの過信によって、堆厩肥などを施用しなかった結果、実際には土壌有機物の喪失を加速させているといわざるを得ない。そしてこのことは、とりもなおさず炭素の貯留機能や物質循環機能が大幅に低下していることを意味している。堆肥による土づくりは、土壌の養分保持能力を強化し、投入された肥料成分の利用率を

向上させるとともに、土壌病虫害などの被害軽減などにも効果が認められている。土壌有機物が、土壌肥沃度の維持に必要なのは直接農作物の栄養源になるというわけではなく、栄養分の放出と摂取の促進を助ける土壌生態系を支えているからに他ならない。モントゴメリーは片岡夏実訳『土の文明史』（二〇一〇）の中で、土壌有機物と土壌肥沃度の関係について以下のようにわかりやすく記している。

有機物は水分の保持を助け、土性を改良し、粘土や腐植からの栄養の遊離を促進し、それ自体が植物栄養素となる。土壌の有機物が失われると土壌生物相の活性が下がり、したがって、栄養分の循環も遅くなるため、収穫高が減少する。

そうなると、私たちは堆肥施用の減少により微量要素が欠乏したある種「栄養失調」状態の農作物を食べていかなければならなくなり、序章で述べたように人の健康にも影響が出ることが危惧されている。しかし、土の中の腐植の量の減少など目に見えないゆっくりとした変化こそ、消費者の私たちはもちろんのこと、農民にとっても時として感じ取るのが、とても難しいことなのかもしれない。

一九九〇年代に入って農林水産省は「生態系の物質循環などを活かし、生産性の向上を図りつつ環境への負担を軽減した持続可能な農業」を環境保全型農業と位置づけて、環境に配慮する農業の視点を加えて、推進しようとしてきた。しかし現在、日本において有機農業や環境保全型農業が行われているのはごく一部で、未だ一般的なものにまではなっていない。化学肥料に依存し始めたのは、第二次世界大戦後の話で数千年の日本の稲作の歩みは、むしろ水や里山の草木の養分供給力に支えられてきた。化学肥料が容易に入手できる今日の日本では、そのことはとっくに忘れ去られてしまっているようであるが、土と肥やしの自然力を生かす術を取り戻せば、農家は化学肥料の負担や、人と環境への負荷を相当減らせることができるに違いない。

第2章
江戸・東京の糞尿はどこへ

下肥の効用と便所

生物としての人間は、人間以外の命を奪い、それを食料として食べ、糞尿として排泄することによって生き永らえることができる。食料は利用された後に糞尿となって、生鮮野菜の生産を支えるという、自然と人間が織りなす耕地生態系を一九六〇年代頃まで生み出していた。人間社会とその排泄物である人糞尿との関係は、国によっても地域によっても多様であり、またその変遷も複雑である。例えば、日本を含む東アジア地域では、人間の排泄物つまり人糞尿は、長年にわたって農業、特に都市周辺の「肥やし」としての役割を果たしてきた。気鋭の地理学者の湯澤規子は『ウンコはどこから来て、どこへ行くのか』(二〇二〇)の中で、このことを端的に描き出している。

一方、ヨーロッパ社会においては、人糞尿は肥料という価値物と、伝染病などを媒介するために廃棄されるべき汚物という二つの評価の間を揺れ動いてきたが、後者の汚物としての位置づけが支配的になったとされている。輪作大系の中で主に家畜の排泄物やそれから作られた厩肥によって地力維持を行ってきたヨーロッパの農村では、耕地に人糞尿を施用することは皆無ではなかったが、少なかったようである。渡辺善次郎の『都市と農村の間—都市近郊農業史論—』(一九八三)によると、ローマ時代には菜園や果樹園で下肥が使用されていたという。また、高橋英一の『肥料の来た道帰る道』（一九九一）にも、中世末のイギリスの都市近郊農村でも、都市から排泄される下肥のかなり組織的な収集と施用が行われていたとある。

それに対して、日本のように人口が多く、家畜が少ない農村では、人糞尿を腐熟させた下肥は、比較的安価で入手しやすい肥料として長い間一般的に用いられてきた。大都市の町人や武士といった非農業人口から排出される人糞尿は、周辺の農村に引き取られ、肥溜（こえだめ）で腐熟させてから、田畑へ下肥として施された。人の口から入った食べ物は、消化・吸収という変化を受け、カロリーと養分が人間の体に吸収された後に、体外に排泄される。しかし、排泄物にはまだ人間が消化・吸収できなかったカロリーと養分が残っていて、作物を育てる余力が相当残っている。下肥の利用は室町時代の頃からみられたようであるが、江戸時代になって多くの人口を抱える城下町が整備されると、その利用は本格化した。周辺の農村から町場の人糞尿を、汲み取りに出るようになった。江戸の町人地や武家地には、それぞれ出入りの農民との関係が生まれ、自分のつくった作物などを納めて下掃除権（しもそうじ）を得て、人糞尿を手に入れていた。江戸で暮らす町人のほとんどは長屋住まいで、長屋の今でいう管理人の大家が、下掃除人の農民との契約により、共同便所の汲み取り料を受け取っていて、それは大家の収入になっていたという。

一方、江戸時代の農家は、名主や組頭など村落上層部に属するものを除くと、だいたい二五坪（約83㎡）前後の広さで、屋根はカヤか板葺きであった。また、馬屋も人間と同居する形で土間の一隅に設けられていることが多かったが、便所（せっちん）だけが主屋とは別棟になっているのが普通であった。一六四九（慶安二）年の「慶安御触書（けいあんおふれがき）」の中にも、便所の造り方が詳細に書かれている。ところで「慶安御触書」というのは、幕府が農民に対して出した幕法であったと、長い間いわれてきた。しかし、近年の研究成果によると、これは幕府が出したものではなく、元禄の頃に甲府藩で書かれたものが、一九世紀前半、江戸後期の文政年間になって現・岐阜県の美濃国岩村藩で出版され、これが各地に広がったのではないかと推測されているようである。その「慶安御触書」を読んでみると、「百姓は肥やしや灰を取って置くこと」、というように自給肥料製造の指示が書かれていた。同時に、「雪隠（せっちん）（便所）は広く造り、雨が降っても溜め壺の中に雨水が注ぎ込まないようにし、夫婦だけで、馬を飼っていないものは、庭に三尺に二間ほどの穴を掘って、その中にゴミを掃きため、また、道の芝草を刈り取って入れ、台所などの排水を流し入れて、肥料を作りだすようにしなければならない」とある。このように便所の構造についても具体的で、かつ詳細な指示が記されている。ということは、当時、下肥として人糞尿を利用することが、未だ全国的には普及していなかったということを物語っているのではないだろうか。

便所を住居の割に広く造らせたのは、便所が肥料の貯蔵場所を兼ねていたからであろう。また、農家の古い便所は、大便所と小便所に分かれていた。これは田舎だけでなく、江戸の町方でも大小便は、同じ場所に排泄しないのが常識であったようだ。三俣延子の論説「都市と農村がはぐくむ物質循環―近世京都における金銭的屎尿取引の事例」（二〇〇八）によると、特に京都周辺の京野菜の産地では、小便と大便の使い分けがみられたとある。小便の主成分の尿素は、大便よりも栄養分が多く、その上、尿素の方が大便の主成分のアンモニアよりも土が酸性化しにくいので、土にも作物にも優しい肥やしになるのだろう。

谷直樹・遠州敦子による『便所のはなし』（一九八六）によると、小便所は一般に母屋の入り口の左側に設けられていた。小便所を門口の脇に造り、「門脇便所（かどわき）」、あるいは「戸口便所（とぐち）」と称するところもあった。家人だけでなく来客の分まで集めて肥料にしようとする、涙ぐましいまでの工夫とみることもできる。また、五街道沿いの農家の多くは、「半農半宿」であったため外便所（外厠）を街道に面して建て、旅人に使用してもらうことによって糞尿を集め、下肥として農業に利用していた。

地理学者の市川健夫の『風土の中の衣食住』（一九七八）所収の「便所文化考」によると、八ヶ岳西麓の山浦地方では、便所の溜め壺のかたわらには「あげ壺（肥桶ともいう）」があり、ここに人糞尿を移してドロドロに腐るまで放置しておき、それを下肥すなわち肥やしとして用いたという。また便所の片隅には、草木灰を貯蔵する「灰文庫」も設けられていた地方もあったという。当時の便所は排泄という消費生活の機能を果たすというだけでなく、肥やしを生産し、貯蔵する場でもあり、そのため広めに造られていたのであろう。つまり農家の外便所は、汲み取りが容易であるとともに、農作業の合間などに泥の付いたままの姿で気兼ねなく利用できるという便利な面があり、排泄物を農業生産に活用するという点においては、きわめて合理的ではあった。しかし、外便所は農業生産面からみれば理にかなっているものの、生活上の利便性を犠牲にしたということができよう。昼間はともかく夜間使用するとなると遠く、暗く、そして特に冬場は寒かったに違いない。

江戸時代前期には、田畑の土づくりや野菜栽培において、都市から出る下肥だけでなく灰や塵芥なども肥やしとして有効に活用されていた。もっぱら薪や炭を燃料としていた当時の江戸市中では、毎日おびただしい灰が出た。その灰はカリ肥料や、土壌の中和剤として重要なために「灰買人」が買い集めてきて、それを売る「灰屋」が存在したという。灰は肥料として重要であっただけでなく、酒造り、製紙、染色、陶器づくりなどにも用いられていた。小泉武夫の『灰と日本人』(二〇一九)には、市内を回る灰買人から、仲買—問屋という回収組織が成立しており、全国各地で「灰市」が開かれていたとある。

そのほか、米の精白過程から生み出される糠(ぬか)、魚の市場から出る「あら」と呼ばれる魚の頭や内臓の「はらわた」などの食べられない生ごみは、後段でも触れるが、「江戸ごみ」と称され肥やしに用いられてきた。イワシやニシンの干鰯(ほしか)や菜種油や大豆油を搾った残り粕の油粕も肥やしになった。下肥は、金肥の中でも干鰯をはじめとした魚肥や菜種や大豆の粕に比べると安価であったために主要な肥やしとなり、それを欠いては農産物の商品的生産は成り立たなかったと言われたくらいであった。下肥は速効性でありながら、決して「肥やけ」を起こさないので、米や野菜栽培には不可欠なものであった。ただし、肥やしとして用いる人糞尿は、そのまま使うと作物が根腐れすることがあるため、たいていは肥溜で一旦、発酵させてから利用した。ちなみに発酵中の下肥は、非常に臭気が強くなる。「肥やけ」というのは、下肥などの高濃度の窒素肥料、または多量の有機質肥料を施用しすぎると、かえって根が傷んでしまうことを表している。

江戸中期以降は、すでに油粕、大豆粕などの供給もあったが、それに比べると安価で速効性の窒素肥料の供給が少なかった当時としては、江戸市中から供される下肥は最高の液肥であり、農業生産上大きな意義があった。人糞尿は無料で農家に引き取られたのではなく、野菜などの農作物と交換されるだけでなく、次第に下肥として金銭によって取引されるようになっていった。それでも、金肥としては、他のものに比べれば安価であった。

この汲み取りは、当初はもっぱら農民が行っていたが、近世も中頃になると汲み取りや運搬を業とする専門の下掃除人が現れた。これらの専門業者は地主や家主と契約し、汲み取りの代価を決めていた。汲み取った人糞尿の輸送には、近場は大八車に肥桶を積み、下町方面は船を利用し、山手方面は大八車や馬の背に乗せたり、牛車や馬車で運搬したりした。「葛飾区郷土と天文の博物館」の二〇〇四（平成一六）年の展示図録『肥やしのチカラ』によると、第二次世界大戦後、日本に進駐して来たアメリカ軍兵士は、下肥の運搬用馬車や牛車によって強烈な臭いを放つ下肥を、白昼街中を堂々と運ぶのに出くわすと、冷やかし半分に「ハニーワゴン」と呼んだということが記されている。そして、船によるものは千葉葛西、埼玉方面へ、牛車や馬車の分は多摩方面や神奈川方面へと送られていた。

『日本における明治以降の土壌肥料考』（一九七五）を著した黒川計によると、江戸期の人糞尿取扱い業者の間ではその品質によって2－1の表のように五段階に区別して、それぞれ価格を決めていたという。等級別の具体的な価格については定かではないが、この等級は日常の食事内容によって下肥の肥効に差がでたことに基づいているのであろう。また、尿分の多い上等品の「辻肥」、中等品の「町肥」などと、下等品の「タレコミ」の違いが明確ではないが、「タレコミ」は、雨水などの水分が多く含まれていたものであろう。

2-1　江戸の下肥の等級

等級	呼び名	備考
最上等品	勤番	大名屋敷勤番者のもの
上等品	辻肥	市中公衆便所のもの
中等品	町肥	普通町家のもの
下等品	タレコミ	尿の多いもの
最下等品		囚獄、留置場のもの

黒川計『日本における明治以降の土壌肥料考（上巻）』より作成

液体である下肥は運搬には不便ではあるが、速効性で水分が多く含まれているので施肥と合わせて灌水することにもなるので、作物の栽培上は有利であることを、農民はよく知っていた。こうした人糞尿のやり取りは、江戸周辺の農家の土壌を肥沃にしただけでなく、ヨーロッパの街路と違って、道端に糞尿が野積みになっていない、きれいな江戸の街並のあり様にも大きく貢献していたといわれている。都市と周辺農村地域の間の循環圏を担い、汲み取り利用の徹底が農家の自立や都市発展の一助となり、農業と環境の好循環の好例となっていたといえる。

しかし、人糞尿の肥効が高いことや食事の質によって、人糞尿の成分や濃度が異なるということは、農民には経験的には知られていたが、一九世紀後半の明治期になってから科学的根拠によって裏付けされた。それは、「お雇い外国人教師」の一人として一八八一（明治一四）年に来日したドイツ人教師のケルネル（一八五一～一九一一）であった。ケルネルは、ドイツの「農芸化学の創始者」と称されているリービッヒの教えを受けている。

さて、ケルネルは駒場農学校およびその後身である東京農林学校（後の東大農学部）や帝国大学農科大学において土壌学を講義しただけでなく、日本の土壌の成分、その窒素とリンに対する吸収力、土壌中有効成分の定量法などの研究成果を残している。ケルネルは、西洋の農業の焼き直しでは役に立たないと考え、とりわけ水田稲作の日本農業における重要性を知って、早々にその研究を始めた。田畑に人糞尿が大量に施用されているのを実際に見分して、農芸化学の方法を用いてその養分組成を調べ、肥料としての価値を論じ、日本農業の発展のための努力を惜しまなかった人物であった。ただし、リービッヒの教えを受けたケルネルのドイツにおける農芸化学、あるいはリービッヒ流の農芸化学研究と教育法を日本に持ち込み、熱心な教育・研究活動を行った実績が、第二次世界大戦後に日本が国を挙げての化学肥料・農薬に依存する農業へと向かう出発点になったのではないかと指摘する一部の人もいる。

２‐２の表のように人糞尿を一般農民、東京市民、中等官吏、軍人の四種類に分けて糞尿中の各種成分の細かい分析調査が行われ、職業や階層によって日常の食生活が異なっており、含

2-2　ケルネルによる属性別人糞尿の成分分析（単位：%）

	農民	東京市民	中等官吏	軍人
水分	95.40	95.40	94.50	94.60
有機物	3.03	3.18	3.89	4.07
窒素	0.55	0.59	0.57	0.80
燐酸	0.12	0.13	0.15	0.30
加里	0.30	0.29	0.24	0.21
曹達	0.51	0.41	0.45	0.26
石灰	0.01	0.02	0.02	0.03
苦土	0.03	0.05	0.06	0.05
硫酸	0.07	0.04	0.05	0.07
塩素	0.70	0.55	0.61	0.51
珪酸および砂	0.04	0.10	0.11	0.04
酸化鉄および礬土	0.03	0.02	0.06	0.06

黒川計『日本における明治以降の土壌肥料考（上巻）』による

有肥料成分にかなり大きな差があることを明らかにした。軍人のそれは窒素、リン酸などの含有量が他に比して高率を示しており、中等官吏のものはそれに次いでいる。明治政府のもとにあっては軍人の糞尿が最も肥効に富み、次いで官吏のそれが、肥効が高いという。このことから、軍人や官吏の待遇がよく、農民や東京の一般市民に比べると食事事情が豊かで栄養分のあるものを食べていたものと推測できる。また、ケルネルは下肥の取扱い方法や貯留期間についても、成分上の差が生じることを、化学的に立証した。これは、前述した江戸時代末期の人々の生活程度や食事情の違いが、糞尿の肥効に反映された時の結果とほぼ一致していることもわかる。すでに江戸時代の多くの農書に書かれているのをはじめとして、農民の経験知から導いた結果と、化学分析とも実用的にもそれほど大差はなかったということができる。

江戸地廻り経済と江戸「糞尿圏」

一五九〇（天正一八）年徳川家康の入府以来、約一世紀を経て江戸は、人口一〇〇万人を擁する世界最大規模の大都市となった。江戸の建設、発展に伴い関東・東国における生産力の発展、小農の自立を背景にして独自の市場圏である「江戸地廻り経済圏」を形成していった。この「江戸地廻り経済」の形成を具体的かつ体系的に明らかにしたのは、伊藤好一である。伊藤は著書『江戸地廻り経済の展開』（一九六六）の中で、関東農村の変貌と生産地帯の形成を、「チューネン圏」に比定しながら明らかにした。すなわち、一八世紀中葉には江戸を中心に近郊の野菜地帯、その外側に穀作地帯、綿織物地帯と続き、周辺部に当たる関東山地には林業地帯が成立したとするのである。

一〇〇万人という大人口を抱えた江戸の大都市周辺では、その食料需要に対して伊藤が明らかにしたように、経済性の高い野菜類を中心とした近郊の農業地域が展開し、下肥の需要が生じた。大都市の江戸では年間50万t以上の下肥が生産され、江戸東部に発達していた河川や運河などの水路により、船などを使って大量に近郊農村にまで運ばれて消費されていた。その過程において、下肥の生産現場である都市部と農村部を結ぶ肥料ビジネスが形成されていた。

四斗入りの肥桶を一荷と呼ぶが、江戸近在の農民は、それを大八車に四〜六荷載せて運ん

2-3　下肥を運ぶ馬
オールコック『大君の都（上）』岩波文庫より転載

だ。しかし、それより遠い近郊の農村まで陸送するには、2-3の写生図のように二つの肥桶を馬の背に振り分けて、一頭で二荷しか運ぶことができない。山口光朔訳『大君の都―幕末日本滞在記―（上）』（一九六二）の、第5章「首都とその周辺―都会と農村の実態―」の中で、幕末に日本を訪れたイギリスの初代公使のオールコックが、下肥の運搬について、以下のように記している。

田舎道や江戸の市内の街路は、管理がゆきとどいている西洋のそれにまさるとも劣らぬであろう。よく手入れされた街路は、あちこちに乞食(こじき)がいるということをのぞけば、きわめて清潔であって、汚物が積み重ねられて通行をさまたげるというようなことはない――これはわたしがかつて訪れたアジア各地やヨーロッパの多くの都市と不思議ではあるが気持ちの良い対照をなしている。ときどき、町から田畑に送る液体の肥料を入れたおおいのない桶(おけ)を運ぶ運搬人が列をなしてとおったり、いかに貴重だとはいえ「危険物」といえる例の物を積んだ馬が列をなしてとおったりすることは、まったくいやなものだ。

こうした都市と農村の人糞尿のやり取りは、江戸周辺の農地を肥沃にし、商品作物の生産を支えただけでなく、街頭に汚物が散乱していない、清潔できれいな江戸の街の形成にも大きく貢献していた。もっとも下肥運搬に遭遇すると、周囲に発する強烈な臭気には閉口していたようであった。オールコックの観察のように、基本的には下肥を肥料として用いなかったヨーロッパ社会と、日本はその点で大きく異なっていた。

江戸の下肥と葛西船

江戸東郊の葛西(かさい)は、かつては現在の東京都東部一帯を指す地名であった。かつての下総(しもうさ)国葛飾郡の西半分（中世以前）、武蔵国葛飾郡（江戸時代初期に発足）を指す地域で、古利根川や太日川(ふといがわ)（現江戸川）、古墨田川などの河川に囲まれた低地であり、南側は東京湾の海岸線に面している。現在の行政区分では、東京都葛飾区、江戸川区の全域と墨田区の一部（旧向島区のほぼ全域）、江東区の一部（旧城東区のほぼ全域）などになる。現在も葛西地域には荒川、江戸川、綾瀬川、中川などの大小の河川や、葛西用水や上下之割(かみしものわり)用水などの農業用水があり、灌漑や舟運などに利用されてきた。

一九四〇年代中頃（昭和二〇年代）まで中川や江戸川べりには、あちこちに「キリップ」あるいは「カシバタ」などと呼ばれていた船着き場が設けられていた。川岸に小さな入り江のようなものを造り、杭を立てて船をもやい、「ヤイビ」と呼ばれていた板を陸地と船の間に渡して荷物の上げ下ろしなどをしていた。ここには江戸・東京の市中から来る下肥運搬船や前述した「江戸ごみ」と呼ばれていた肥やしに用いる江戸の生活廃棄物を運んできた船が定期的に停泊する船着き場が設けられ、船頭たちが飲食できる場にもなっていた。

大小の河川による低湿地の葛西地域一帯は、江戸東郊の主要な米産地であった。江戸初期に盛んに行われた新田開発によって新しい村落が増え、この時期には農村人口も増加していた。田んぼの多い葛西地域は、やはり米づくりが中心の農業で、特に二郷半領を中心として早場米の産地として有名であり、「葛西三万石米どころ」といわれ、江戸に近距離ですぐに搬送できる有利さから江戸市民の食膳に逸早く届けられてきた。それとともに、中期に入ると江戸市街の発展、人口の集中により、米穀はもとより、大量の野菜の需要が起こり、江戸に近接するという立地条件に恵まれた葛西領一帯に、いきおい農業技術の進歩をうながした。また、水運の交通に恵まれたこの地域は鮮度の良い生鮮野菜を消費地に出荷するのに便利で、野菜は砂州や自然堤防上の微高地で栽培された。この地域で栽培された代表的な野菜は「葛西菜」といわれたこまつな（小松菜）、「千住ネギ」といわれた根深ネギ、結球しない白菜の山東菜、甘藍（キャベツ）などの葉物野菜や、「金町小蕪」「亀戸大根」などの根菜類が知られている。また、ツマモノ野菜といわれる料亭料理などの膳の飾りとして添えられるメジソ（芽紫蘇）、ホジソ（穂紫蘇）や細根大根、糸三つ葉なども産した。ところで、根深ネギは現在の足立区千住市場が集積地であったことに因んで「千住ネギ」といわれていた。葛西地域だけでなく八潮市八条、松戸市矢切、越谷市、吉川市、松伏町など、現在でも東京北東郊で栽培されているネギを含めて千住市場に出荷するネギは、「千住ネギ」と呼ばれておりブランド化している。

　葛西地域では、水田での米の反当収入が特別に高いわけではなく水害や干害による米づくりの弱点を補い、四季を通じての現金収入の道が畑地の野菜づくりによって拓かれ、江戸・東京の市場でも高い評価を得てきた。狭い農地でさまざまな野菜をつくることが特色の集約的な農業が特色であった。こうした農村を東京近郊の農家や青果市場関係者は「前栽場（せんざいば）」と呼んでいた。前栽とは、もともとは庭に植えた花木や野菜などを示す言葉であり、前栽場とは「近くの野菜産地」という意味である。葛西地域だけでなく、東京西郊の武蔵野の農村も東京近郊の前栽場として、練馬大根をはじめそれぞれの地域の伝統野菜をつくっていた。東京東郊の前栽場を「葛西」、中野、板橋や練馬など西郊の前栽場を「西山（にしやま）」と呼んでいた。これに対して、葛西地域でも水田稲作を中心とした農業を行っている所を「田場所」と呼んでいた。田場所でも畑で野菜をつくることはあるが自家用が中心で、出荷する野菜は限られていた。

　江戸時代中期から後期に栽培が盛んになった葛西の新鮮な野菜は、夜中に村を船で漕ぎだすと新川小名木川の水路からその日のうちに江戸に入り、江戸市中の人々の食膳をにぎわすことができた。昭和初期には大八車やリヤカーで運び、一九四〇年代中頃（昭和二〇年代）になると牛車を使う農家が増えた。同じ江戸の近郊でも西郊の武蔵野のように、いくつもの急坂を越え馬背や荷車などで運ばれてくる、他地域の野菜に比べると東郊の野菜は「荷いたみ」も少なく、運搬費用も低廉であるという有利さから、常に市場的優位を保っていた。さらに水運の便は野菜の輸送面ばかりでなく、米や野菜や特産品の栽培には欠かせない主要肥料であった江戸市街の下肥の運搬にも便利であり、江戸中期以降、下肥以外の干鰯、米糠などが容易に入手できるようになったが、液肥である下肥は船によって大量に輸送するには便利で、しかも他の購入肥料に比べればはるかに安くて速効性であり、江戸東郊の農民にとって農業生産上有利であった。年間を通して、江戸市中から安定的に入手することができる下肥は、江戸東郊の村の米づくりをはじめ野菜づくりをも大いに発展させた。

それではいったい、耕地にどれくらいの下肥が使われていたのだろうか。渡辺善次郎の『近代日本都市近郊農業史』（一九九一）によると、江戸時代の末、武蔵国葛飾郡笹ヶ崎村（現在の江戸川区内）の例では、田んぼには年間一反（10ａ）当たり下肥三〇荷、畑にはその倍の六〇荷の下肥を投入していたという。一荷は四斗入りの肥桶一桶であるから、年間、水田には一二〇斗（２１６５ℓ）、畑には倍の二四〇斗（４３３０ℓ）の下肥を施していた計算になる。田植えの前に稲田に元肥として肥やしを入れたが、稲田の肥やしには、一九五〇年代の中頃までは主に下肥を使っていた。広い田んぼに下肥をまんべんなく入れるために、「セイマ」と呼ばれる藁を折って作った目印を田んぼの中に置き、ひしゃく(柄杓)を用いて均等に振り撒いた。

江戸・東京東郊の低地の田んぼでは、水稲の他に蓮根、花菖蒲、慈姑(くわい)、水芹(みずせり)などもがつくられていた。これらの田んぼにも大量の下肥が入れられた。下肥によって窒素分をはじめとした栄養分を与えるのと、耕土を軟らかくするのが目的であった。冬の間は下肥の値段も安いので、できるだけ冬に確保して、肥溜にためておいた。『葛飾区史』(二〇一七)によると、稲田には、前述のようにひしゃくを使って均一になるように下肥を撒布したが、蓮田には肥桶から下肥をそのまま入れるか、樋(とい)を使って流し込んだとある。一反(10ａ)の田んぼに下肥の桶で約六〇杯投下することが基準であった。大量の下肥を入れたため、蓮田は「まるでタメボシ(下肥の貯蔵槽)に入っているようだった」といわれた。蓮根は日本在来種の「ナガバス」が栽培されていたが、長年の下肥の施肥過多がたたって腐敗病が発生し、第二次世界大戦後は抵抗力のある中国原産の蓮根に変わった。「ナガバス」は色が白くて柔らかく、煮物にしても五目ずしの具にしても評判の良い農作物だった。蓮根は高い収益を得ることができた反面、畑で栽培された野菜と同じように下肥を大量に投入したり、寒い季節に田んぼに入ったりして蓮根を掘り取る作業などは重労働であった。

同じように正月の注連飾(しめかざ)りの材料の「ミトラズ」と呼ばれたイネも湿田で栽培されていた。ミトラズというのは文字通り実である米を収穫しないイネを意味し、「黒穂」や「東山」といった稈が長く、株別れをして茎の数が増えやすい品種で、注連飾りが作りやすいものであった。

このミトラズは、特に背丈が伸びるようにと富栄養化した湿田に植えられたが、稈がより長く生長するように、さらに窒素分の多い下肥が多量に投入された。江戸時代、徳川家をはじめ各大名、旗本、商家、芝居小屋など江戸市中の全ての正月用の注連飾りは、ほとんど葛西地域の農家の手になったものであった。これは明治以降も引き続き生産され、一時は需要の増加とともに著しく発展し、農家の現金収入源として重要であった。しかし、一九三〇年代中葉から逐次減少したが、第二次世界大戦後に再び復興された。しかしその量は以前とは比べ物にはならないほど少なくなってしまった。

また、この地域には大小の河川と多くの池沼がみられたことから、鯉や金魚の養殖池も多く造られた。中でも金魚の養殖は、もともと現在の江東区の砂町・大島・亀戸方面で古くから行われていたが、明治末期から大正期に次第に東に移ってきて、一九二三（大正一二）年の関東大震災以降になると、葛西でも金魚の養殖が盛んになった。金魚養殖を専業で経営する者もいたが、多くは農業を主としながら金魚養殖を副業としていた。この金魚の養殖にも、下肥が一役買っていた。春先に、下肥を大量に養殖池に投入して、金魚の餌になる体長1～3㎜の微細な甲殻類のミジンコを発生させるために、下肥は重要な役割を果たしていた。

水稲作が主体ではあったが、東郊低地の畑では現金収入源となる集約的な野菜栽培が行われていた。市場に出したり、江戸の一流の青物問屋に出荷したりする農家は、見栄えも良い高品質の野菜をつくることが要求された。各農家は種子を吟味し下肥を十分使うなど、創意工夫をしながら前述したように品質の高い野菜を競い合ってつくっていた。畑作物のなかでネギを中心に下肥の施用法を、葛飾区郷土と天文の博物館の展示映像や展示図録を参考にしてみていきたい。

葛西地域では、春三月上旬に種を蒔き、七月中旬に本畑に移植する春蒔き冬採りのネギの生産が主体であった。三月上旬に苗床に播種する前にたっぷりと下肥を入れておき、その後も一カ月に一度の割合で下肥を追肥していった。ネギの苗は条(すじ)状に植えるので、下肥はその条に沿って入れていく。七月中旬に移植するが、この時はネギの根元に土を寄せる。このネギを白くするために寄せた土の部分に、十分に下肥をやることが柔らかくて甘みのあるおいしい「根深ネギ」をつくるコツであった。ネギの土寄せは生長に応じて三回行われるのが通例だが、この土寄せのたびに下肥を施していくので、かなり大量の下肥が使われていた。一八八一（明治一四）年刊行の『東京府下農事要覧』の巻六南葛飾郡の項には、南葛飾郡太郎兵衛新田のネギ栽培の事例として「肥ハ一反歩ニ三〇荷許ヲ施ス」とあるが、これは通常の水稲作の一・五倍にあたる量である。このように、東郊のさまざまな農作物をはじめ特産品などにも、江戸・東京からくる下肥が大きな役割を果たしていたことがわかる。

このように葛西地域は大都市近郊にあるとともに、液体の重量物の輸送に有利である河川環境に恵まれた立地条件を生かし、江戸から排出される大量の人糞尿を下肥として用いた農業が特色であった。江戸・東京東郊の農村では大小の河川や農業用水路を利用して江戸・東京都心部から船を使って下肥を運ぶことができた。そのため、船を使うことができない陸続きの西郊の武蔵野台地の農村に比べればはるかに大量に、しかも組織的に下肥を大量に利用することができた。

葛西地域には下肥を運ぶための「長船」という肥船（こえぶね）を所持し、下肥を汲み取って農家に販売する「下肥卸業者」が多く存在し、これらの業者が地域の下肥の農業利用の中核を担っていた。長船は長さ約16ｍ、幅約２ｍの細長い形状の船で、綾瀬川などの川幅の狭い小さな河川でも運航できた。櫓で漕ぐ伝馬型であるが2-4の写真のように帆もかけることもでき、また船の漕ぎ手が休憩したり、宿泊をしたりする「せいじ」と呼ぶ機能の部屋があるものもあった。この江戸の下肥を運ぶ長船は一般には「葛西船（かさいぶね）」と呼ばれていた。当時は江戸の下肥の多くが葛西地域に集中的に運ばれていたため、そうした名前で呼ばれるようになったのであろう。また、臭気を発する下肥を運ぶ「かさい船」をもじって、「くさい船」などと陰口をたたかれていたという。現在、葛飾区郷土と天文の博物館には、2-4の写真のように一八九八（明治三一）年に発注された仕様書に基づいて復元された真新しい葛西船の実物大二分の一の葛西船が、肥桶とともに展示されている。

また、低地の生活環境には、燃料となる薪や粗朶などを集める山林や、肥料の材料の供給源である林野が少ない。藁は燃料だけでなく、縄、むしろ、俵などの生活必需品を作る材料にも使われたほか、畑の土が乾燥しないよう畑に敷いたりするのにも用いられた。老人たちが藁草（わらぞう）

2-4　肥船の葛西船（葛飾区郷土と天文の博物館展示）

履を作って千住へ持って行き、問屋に買い取ってもらっていた。そのため藁の全てを燃料に使ってしまうわけにはいかないので、藁を選りすぐった時に出る屑の部分である「シビ」を燃料のためにとっておいた。もちろん、これだけでは燃料として不足していたので、隣接する房総の下総台地の豊富なアカマツの薪を購入していた。アカマツは樹脂が多くて火力が強いのと、藁より火持ちが長いので煮炊きするには便利であった。木灰や藁灰は、大根やサツマイモをつくる時に肥料として利用していた。そのため灰を保管しておく小屋を設ける家が多かった。また、「ヘーヤ（灰屋）」と呼ばれた人が、農家を回って灰を買い集めていた。「ヘーヤ」が集めた灰はノガタ（野方）と呼ばれる武蔵野台地や、大宮台地などの関東ローム層に厚く覆われた台地に存在する農村に、酸性土壌の畑の土の中和剤として販売された。さらには、用水路や池の土を浚い、肥料として農業に利用することもあった。堆肥的な肥料を作り出す知恵として前述した「江戸ごみ」と呼ばれる江戸市中から運ばれる生活廃棄物や生ごみを腐熟させた肥やしも、夏野菜の苗床を作るのに用いられた。江戸ごみは、昭和になってからは東京市の清掃担当者が船で江戸川や中川を使って運んでいた。江戸ごみを使っていたことが確認できるのは夏野菜の栽培が盛んな地域で、河岸に運ばれてきた江戸ごみを各農家が手車で運び、畑で腐熟させて苗床にした。江戸ごみは無償で一九五〇年代中頃まで使われていたという。ここにも江戸・東京と東郊農村との物質循環の結びつきが読み取れる。

舟運による「江戸糞尿圏」の拡大

一八世紀後半の寛政期以降になると、江戸に直結する河川では肥船の活躍が目立ち始め、江戸市中の便所から人糞尿を汲み取って肥船に積み、それを在方の肥商人に盛んに送り届けていた。人糞尿は江戸時代の交通政策では、庶民が唯一、街道輸送を自由に許された資材であった。しかし、馬の背に乗せて下肥を運ぶ陸送は、オールコックが示したように馬一頭に二荷であったが、肥船を利用すれば一般的に五〇荷分という大量の下肥を積載できた。そして、幕府は街道と同じように肥船の往来にも規制を加えないことを基本方針としていた。埼玉県域の内陸部でも水路のある限り、肥船は荒川、新河岸川、綾瀬川、古利根川、元荒川、そして見沼通船堀(見沼代用水(みぬまだいようすい))などを頻繁に上下していた。

近世期の埼玉県下の肥船がどのくらいあったかは統計的に把握することは難しいが、明治初期に書かれた『武蔵国郡村誌』によれば、肥船の数は、足立郡六三、埼玉郡二九、葛飾(武蔵）一となっており、江戸に近い足立と埼玉の二郡に集中している。村別では現戸田市の早瀬（下笹目）が最多で五〇艘、内谷一二艘、現在の埼玉県鳩ケ谷市の小渕一艘（以上足立郡）、現八潮市の大瀬・大曾根・木曽根が各五艘、八潮の古新田・浮塚・川崎、現越谷市の千疋・大吉が各二艘、八潮の垳（がけ）・二丁目・西袋、越谷の四条が各一艘（以上埼玉郡）であった。幕末の戸田領の早瀬は、資料的には未確認であるが、明治初期の肥船の数からみて埼玉県下で最大の下肥を扱う基地になっていたのであろう。足立郡の場合は荒川本流と新河岸川、埼玉郡の場合は古利根川と綾瀬川のそれぞれ合流点に分布している。それは肥船がこの二地点を中継基地として活動していたからであり、少なくとも幕末期の肥船の活動状況を示しているのではないかと思われる。なお、『江戸川区史』（一九七六）によれば、一八四五（弘化二）年の時点では、戸田における糞尿輸送の2-6の模式図を見ると、二郷半領・松伏領・新方領・八条領・平柳領・戸田領などの五八カ村に江戸の糞尿が廻送されたことになっている。

2-5　綾瀬川を航行する肥船（1940年代中頃）

『葛飾区史』（2017）より転載

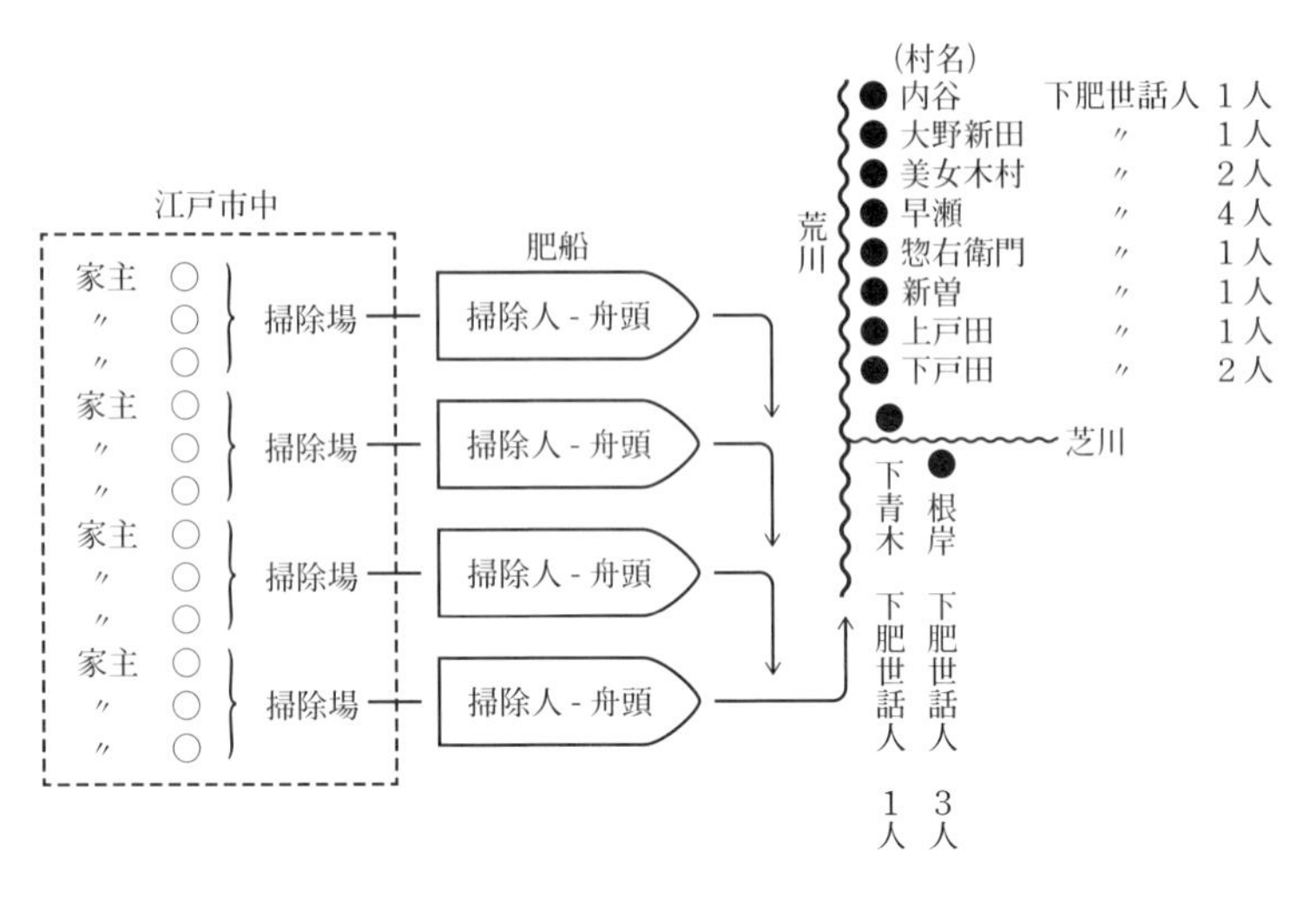

2-6　肥船の輸送経路（模式図）　葉山（1988）より転載

肥船をあやつる船頭は、江戸では下掃除人と呼ばれ、彼らは持ち場の便所を順々に汲み取って、満潮とともに下肥世話人（肥商人）の待つ川を上り、地方の肥船に荷を渡す。この過程で夜陰にまぎれて糞尿を川の水でうすめて増量するなど数々の不正が行われていたと平方の船頭が語っていると、『新編埼玉県史 資料編15』（一九八四）に記してある。「日本経済史」の泰斗の野村兼太郎も一九四〇年の論説「江戸下肥取引について」の中で、下肥は上流に上がれば上がるほど水増しされていって薄くなり、それでも元値で売れた、と記している。こうした不正手段によって、肥料としての効目が薄くなってしまったという。元肥を戸田の早瀬の問屋から買ったとの聞き伝えは多い。

なお一八五九（安政六）年「新河岸五河岸鑑札控帳」に出てくる牛子河岸の大島屋は、荷船四艘と肥船一艘をもち手広く肥問屋も兼ねていた。こうして株仲間をつくらず自由で鑑札も不要であった肥船には、前述の野村が指摘しているような悪事をたくらむ船頭が多く、値段をつり上げて、それが江戸町奉行への、在方百姓らの嘆願書をしばしば出させていた。『新編埼玉県史』（一九八四）によると、一八六七（慶応三）年五月の取り締まりの触書には、下肥騰貴の理由を(1)江戸の家主による掃除代の引き上げ、(2)掃除人相互間の闘争による掃除代等の競り上げ、(3)船頭の悪徳行為に求め、江戸から搬出する下肥は問屋場を通すようにと記されている。

武蔵野台地の中央部を占める旧田無市（現、西東京市）発行の『田無市史』（一九九五）を見ると、下肥の需要が増し、下掃除権を競り取って争うようになると、町方や武家屋敷の側でもこの状況に乗じて価格を吊り上げ、競争をあおるようなことになったとある。その結果、下肥の価格は四〇～五〇年前に比較して三、四倍にも高騰したという。これは下肥を最大の肥料としていた近郊の農村にとっては、死活問題であった。一七八九（寛政元）年江戸周辺の武蔵、下総両国合わせ三七カ領一〇一六カ村は大同団結して、江戸の下肥価格を、平均しておよそ15％の値下げを勝ち取るという運動を展開した。運動に加わった地域は、東は江戸川右岸地域、北は埼玉県の幸手や岩槻の付近まで、西方は田無あたりまでの武蔵野の諸村、南方も多摩川を越えて神奈川・小机（こづくえ）までの広がりをもち、江戸の下肥を利用する多くの村々が結集した。その後も下肥価格をめぐる問題はたびたび表面化したが、幕末の一八六七（慶応三）年には、下掃除統制はいわば村々の自主的な結集単位であった「領」―「領々総代」による枠組みから、勘定所―

関東取締役に直結し、より強い取り締まり権をもった改革組合村（寄場組合）の枠組みに移行され、寄場組合村々の側で競り取り人を取り締まることによって価格をおさえようとする、これまでの姿勢と基本的には変わらない議定が結ばれた。江戸時代にこれほど大規模に農民が大同団結して戦った運動は珍しいといわれるが、それほど近郊農村にとって、江戸の下肥が大切であったことを物語っているものといえよう。

丹治健蔵は著書『近世交通運輸史の研究』の第六章「近世見沼通船と地廻り経済の展開」において、荒川に通じる埼玉県の見沼代用水周辺の農村においても、干鰯や下肥や灰や糠などの肥料の輸送をはじめ、江戸地廻り経済の進展に寄与していたことを指摘している。こうして舟運による下肥や干鰯などの金肥の輸送は、江戸周辺農村の商業的農業を促進させ、農民的商品生産をさらに推し進める役割を果たしていた。

しかし、明治時代に入ると東京市に人口が集中し、農村部で受け入れられる下肥の量を超えてしまうような状況が生じるようになった。そのため、明治時代後期以降の都市部では、あふれかえる糞尿をいかに合理的かつ衛生的に適切な処理をするかが課題となった。

大正時代に入ると、東京の農業用地の減少に拍車が掛かり、化学肥料の普及も相まって、それまでの下肥の需要と供給のバランスが本格的に崩れ始めた。そこで、東京市は、一九一九（大正八）年に市営による糞尿の汲み取りを開始することとなった。この頃になると、糞尿処理の合理的方法は下水道処理であることが、各方面から認識され始めていたが、大規模な都市整備の必要性と、それにかかる膨大な費用の捻出が難しく、一部の地域を除いて実現はしなかった。そのため、葛飾区域を含む東京東郊地域では、引き続き下肥の農村還元が続いていたのである。

その後、一九三四（昭和九）年には旧東京市全域、そして一九三六（昭和一一）年には葛飾区と世田谷区の一部を除いて、現在の二三区内ほぼ全てが市営汲み取りとなった。東京市で集められた糞尿は、近郊農村での受け入れがなされ、埼玉県や千葉県の農村までも、その対象となった。その際、郡農会や農事実行組合などで受け入れることになり、大型の糞尿貯留槽の建設費や下肥運搬船の請負費は、各組織において捻出されることが多かったという。

また、後述するが一九三〇（昭和五）年には「汚物掃除法」の改正により「各自治体の責任でゴミや糞尿は処理しなければならない」とされ、一般的な下肥の概念が「肥料から廃棄物」へと大きく変化した。東京市内で下肥の市営汲み取りが行われなかった葛飾区域では、下肥汲み取りを生業とする人々が、汲み取りに行ける場所では、金銭を支払って、下肥を購入し、そうではない場所では汲み取りをしてもらう側から料金をもらい、汲み取り業を営んでいた。その場合、汲み取り料金は一荷（70ℓ）一八銭ほどであり、その後下肥を売る際も同様の値段で販売していた。

近郊農業の発展と「東京糞尿圏」

東京都区部の山手を東縁とし、その西方に続く武蔵野台地の農業地域を最初に系統的に分析したのが小田内通敏(みちとし)であり、一九世紀後半から二〇世紀の初めの明治期から大正前期にかけての近郊農業地域の景観と、その変化について『帝都と近郊』(一九一八)に克明に記述し、分析している。それによると日本橋から二里(8km)までは市街地であるが、それより西に向かい大泉、石神井、井荻、高井戸、千歳、神代、狛江までの範囲、すなわち日本橋から約五里(20km)までの範囲が、東京に野菜を供給する近郊農業地域とされた。ここはまた、都市から肥料として糞尿を搬入する地域であることが「……蔬菜の栽培に要する人糞尿も亦運搬せらるゝの状態なり」と指摘されている。さらに小田内は、『帝都と近郊』の第四章肥料の項で人糞尿の価格の下落、使用地域、運搬法などを記している。当時の人糞尿の事情が以下のように手に取るように記述されているので、現代語にして抜粋してみる。

「東京市の人口は年々増加して、今日では市および、隣接する町村を合わせると約二五〇万人となった。今、一人一年間に三荷の糞尿を排泄すると仮定すると、その総量は七五〇万荷になる。このように肥料源が豊富になったために、価格が下落した」「明治二八年頃は大人一人年間三五銭、小人一七銭五厘であった汲み取り料金（下掃除契約）が、大正四年には大家は年間一円、小家は五〇銭へと改定され、下落してしまった」「山の手の諸区に対して、農家は一か月一人につき汲み取り料二銭を支払っているが、東京市中心部の日本橋・京橋区では汲み取りに来る人が少ない結果、それよりも多くの汲み取り料を出す傾向にある」「窒素が主要成分である速効性の完全肥料の下肥は、野菜栽培にとって最も安価で、また有効な肥料なのである。そのため、大東京の後背地である本地域の農村が、野菜栽培地として大発展をすることは当然のことである」「人糞尿はその成分中約95％は水であるから、重量があるためにその運搬は大変困難である。このように豊かな肥料である下肥をできるだけ、遠距離に、しかもできるだけ多量に運搬するには、ひとえに交通機関の改良に待たなければならない」

2-7　大八車での下肥の運搬

小田内（1918）より転載

などときわめて詳細に記している。

小田内に続いて青鹿四郎が、第二次世界大戦前の東京市を中心として西郊だけでなく、北郊や東郊も含めた近

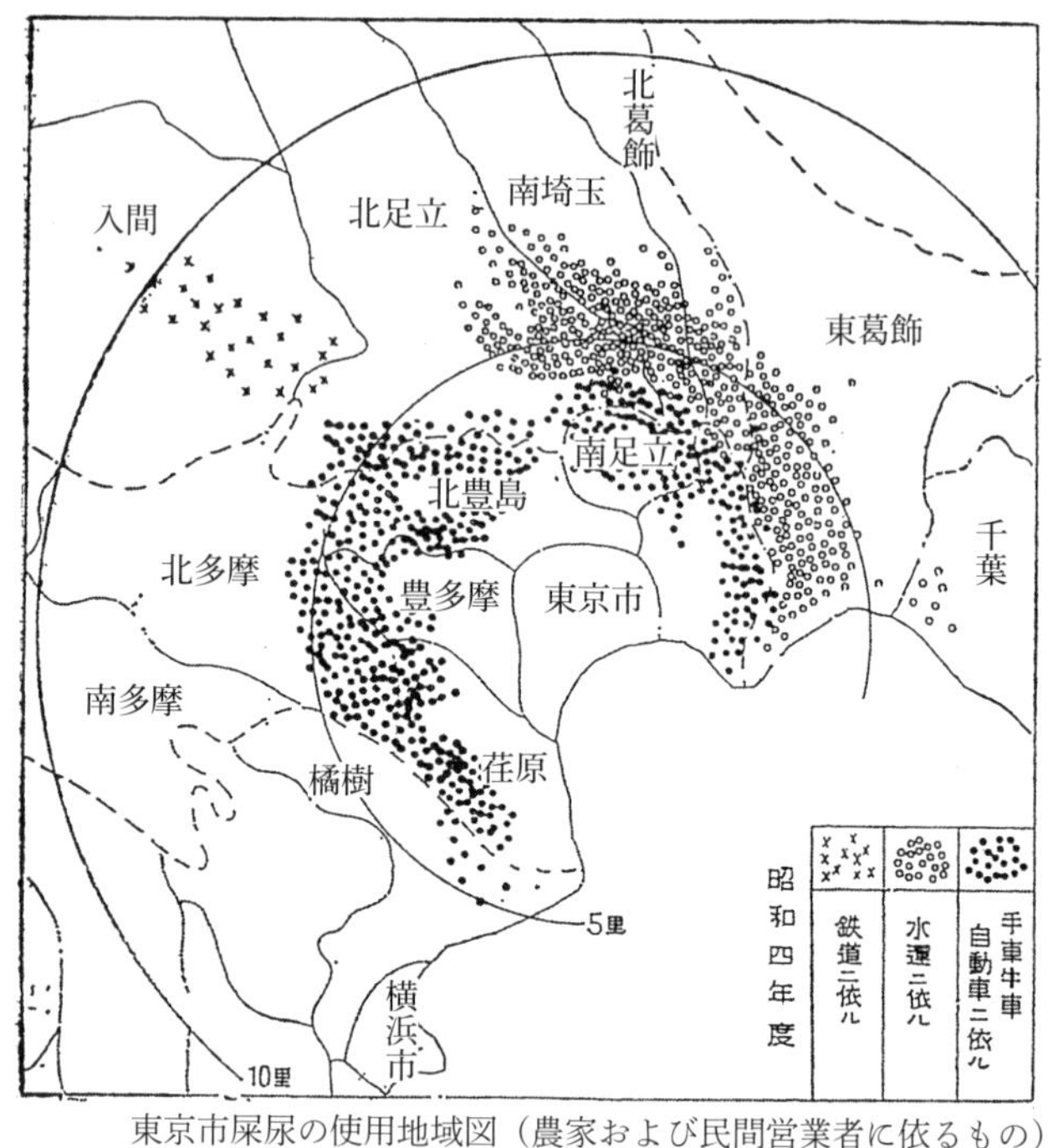

東京市屎尿の使用地域図（農家および民間営業者に依るもの）
一点は屎尿7,000石を表す

2-8 青鹿四郎の描いた東京糞尿圏 青鹿（1935）による

郊の農業経営の地域区分とその変化について立地論的に説明した。平場農村は商品経済の発達をみると、需要地との距離によって多様な作物が栽培されるようになり、地域分化が起こった。昭和初期における東京近郊の農業の分布は、日本橋からの距離が一・五〜二里（6〜8km）の「第一帯」で主に搾乳、養鶏、観賞植物栽培、温室栽培が行われ、二〜三里（8〜12km）の「第二帯」では穀菽（こくしゅく）（穀物と豆類）、野菜栽培が行われた。五里（20km）を越える「後方地域」と呼ばれる地帯になると桑園の割合が高くなった。水田は主に三里（12km）以上の北郊から東郊に分布するが、三〜四里

（12～16㎞）の内側では減少傾向にあった。このような距離の遠近は、生産物の運搬出荷上の制約となって各種作物の運搬限界を規定していた。出荷物の運搬方法は、①人力によるものは第一帯の周辺地帯まで、②牛力（牛車）によるものは第二帯から第四帯の一部まで、③馬力（馬車）によるものは、第四帯の一部と四帯の外であった。

こうした近郊農業地域の生産力を支えたのが、都市住民から汲み取り料を得て、汲み取ってきた下肥であった。そして、青鹿は糞尿汲み取り量および汲み取り料金、東京市糞尿量、旧市域内における糞尿の処理状況、糞尿配給表などの詳細なデーターを載せている。そして、2－8の図のように一九二九（昭和四）年の東京市の糞尿の使用地域図を①手車牛車自動車による、②水運による、③鉄道によるという三つの運搬方法別に描いている。これによると農産物の出荷の運搬方法と同様に、東京市から五里（20㎞）圏内の西郊は①の手車・牛車やトラックで運搬し、五里圏の東側の東葛飾や千葉県と五里圏外の北郊の南埼玉は②の舟運によっている。また埼玉県の入間郡を中心に鉄道によっていたことがわかる。

青鹿は下肥について次のように記している。現代語にしてみると以下のようになる。

「野菜の多毛作は、主として速効性の窒素質肥料、すなわち下肥の多量施用に頼らなければならないが、これら下肥は、自家労働によって引き取りにいかなければならなかったし、その多量の引き取りは、第二帯のように近距離でなくてはならない。その結果、一般的には農家が市民から汲み取り料を得ることになり、肥料費に対する大きな現金節約になった」

これまでは、農家が汲み取り料を払って糞尿を買い取っていたのが、この時点では逆転して農家が市民から汲み取り料をとって糞尿を収集していたことがわかる。ただし、都市部からの下肥入手が困難な北多摩郡や入間郡などの外縁部の農村では、犬井正が『関東平野の平地林』（一九九二）で指摘したように、落ち葉堆肥をはじめとして生産資材や薪炭などの生活資材の多くを平地林から採取し、農用林として積極的に利用していたことについては、まったく触れられていない。これについては第3章で詳しく述べたい。

小田内や青鹿は、かつては都市の近郊農村には、都市の人糞尿を利用する「糞尿圏」というものが存在したことを明らかにし、地力を要する野菜はもっぱら近郊の「糞尿圏」で栽培されて、都市と農村の間には下肥と農産物の物質循環を伴った一種の共生関係があったことを明らかにした。

以下の文は、徳冨健次郎の一九一三（大正二）年初版の『みみずのたはこと』の「農」の章に出てくる。東京の非農家と近郊農民が、農産物―食料―下肥―農産物という円環的物質循環を形成していた頃の話である。

東京界隈の農家が申合せて一切下肥を汲まぬとなったら、東京は如何様に困るだらう。彼が東京住居をして居た時、ある日隣家の御隠居婆さんが、「一ぱいになってこぼるゝ様になってるものを、せつせと来てくれンぢや困るじやないか」と癇癪聲で百姓を叱る聲を聞いた。其は権高な御後室様の怒声よりも、焦れた子供の頼無げな恨めしげな苦情声であった。大君の御膝下、日本の中枢と威張る東京人も、子供の様に尿屎のあと始末をしてもらうので、田舎の保姆の来ようが遅いと、斯様に困ってぢれ玉うのである。叱られた百姓は黙って其糞尿を掃除して、それを肥料に穀物蔬菜を作っては、また東京に持って往って東京人を養う。不浄を以て浄を作り、廃物を以て生命を造る。

まさに、明治期から大正期には、未だ近郊農村の農産物生産が下肥によって成り立っていたことが、徳冨の文章からもわかる。それに加えて、明治後半から大正期にかけて東京に集中する非農家の人口増大に伴い人糞尿も増大し、東京の人糞尿の処理問題が深刻になっている様子が手に取るように伝わってくる文章である。このように江戸時代以降も第二次世界大戦後まで、人糞尿を下肥として貴重な肥料として用いていた日本では、ヨーロッパのように、糞尿を直接川に流したり、道路に置き捨てたりするようなことはなかった。

鉄道による糞尿の運搬

こうした「東京糞尿圏」の存在は、第二次世界大戦後もしばらく続いていた。戦後は食料不足がいよいよ激しくなり、農家は増産に必死であったが、肝心の肥料の入手が難しかったので、下肥は農家にとってはこの上ない肥料であった。一方、都制が施かれた東京都は、第二次世界大戦中から人手は少なくなり、ガソリンは欠乏し、トラックで郊外まで運び出したり、船で東京湾に投棄したりすることも難しくなった。その結果、便池が溢れて汲み取り口から大小便が溢れ出しているようなあり様で、便所の清掃は行き詰まりの状態となった。当時の大達茂雄東京都長官（現在の東京都知事職）は、第二次世界大戦末期の一九四四年に西武鉄道の堤康次郎社長に鉄道による人糞尿の輸送を依頼した。

ところで西武鉄道の人糞尿輸送というと第二次世界大戦末期から戦後にかけてのものがよく知られているが、実はそれ以前にも池袋線の前身である武蔵野鉄道が大正末期から昭和初期にかけても人糞尿輸送を行っていたことがあったという。『葛飾区史』（二〇一七）によると、一九二一（大正一〇）年には東武東上線、昭和初期には東武伊勢崎線、東京西部では西武鉄道や武蔵野鉄道でも人糞尿の輸送が行われるようになった。

武蔵野鉄道に関しては、この事実は当時の営業報告書や関係村役場文書にしか掲載されていなかったので、実態はほとんど不明であるが、長須祥行著『西武池袋線各駅停車』（一九七三）によると、おおよそ以下のようであった。人糞尿の輸送は東京市が荷主となって行われたもので、加治村（現、飯能市）役場文書によれば一九二二年七月に入間郡農会と入間郡購買販売組合が東京市と契約し、糞尿引取り駅は東久留米駅、秋津（あきつ）駅、三ヶ島村駅、仏子（ぶし）駅、飯能駅であったことが記載されているという。また一九二三年に東京市から有蓋車両五両を借り受け、翌一九二四年に東久留米駅構内に専用の積み下ろし所と側線を造っていた。輸送形態は不明であるが、借り受けた貨車が屋根付きの有蓋車であるところから、肥桶を積み込んで輸送するという戦前の典型的な方法によっていたとみられる。この輸送は四年後の一九二八年三月に廃止となり、同社の糞尿輸送は一旦中断されることになった。

武蔵野鉄道での輸送が廃止となった一六年後の一九四四年に糞尿輸送は、東京市から東京都の委託によって旧西武鉄道を巻き込んで復活することになった。糞尿の輸送については旧西武鉄道の社内から猛反発を受けたようであったが、同年九月より東京都委託による大規模な糞尿輸送を開始した。旧西武鉄道新宿線では井荻駅の北に側線を設けて積込所を造り、田無駅の北側に設けた側線、東小平駅の南側に設けた側線、東村山駅の西武園線が分かれた先の側線、国分寺線小川駅の西側の側線に貯留槽を設置した。

一方、武蔵野鉄道線、現在の西武池袋線では、東長崎―江古田間で下り線から南側に側線を出して、新たに「長江（ながえ）」という貨物駅を設けて積込所を設け、清瀬駅の北側、狭山ヶ丘駅の北

2-9　武蔵野鉄道の糞尿運搬車両

長須（1973）より転載

側、高麗駅の西側にそれぞれ貯留槽を設置した。

一九七三年発刊の『清瀬市史』には、「一九四五年に東京都の糞尿処理用の大溜が設けられ、そこに至る線路も清瀬駅から引かれ専用のタンク車で七両から一〇両連結の特別列車が多い時は三往復もあった」とある。タンク車は2-9の写真のようで、コックをひねれば積載された人糞尿が下へ流れ落ちるという構造であった。

第二次世界大戦後に、寄生虫症などの問題から、下肥として農業利用の中止を勧告したり、日本人が生野菜を食べるような食生活に変わったりしたということ、非農家の都市住民や農民が人糞尿の撒布を嫌ったりしたとか、また一九四〇年代末から化学肥料が出回るにつれ、沿線農民の糞尿需要は次第に減少した。一方、ガソリンも公共的なものは、ようやく必要量が手に入るようになり、都民の糞尿は農民の需要と反比例して、船で東京湾中央部に運ばれ、投棄されることになった。こうして一九五三年三月には西武鉄道の糞尿輸送は全廃された。それに伴い、人糞尿の農業利用は次第に減少していった。

糞尿処理と下水道整備

これまでみてきたように、近代（一九世紀）に至るまで、人糞尿による下肥は田畑の地力を維持する上でなくてはならない安価な肥やしとして農業に利用された。ところが二〇世紀初頭になると、下肥を肥やしとして農業に利用する循環システムが次第に行き詰まることとなった。その背景としては、急激な人口の増加、都市化・工業化に伴う農村から都市への人口流入と農業労働力の減少、郊外農地の減少による需給バランスの崩れ、化学肥料の普及などが挙げられる。特に第二次世界大戦後（二〇世紀中期）になると、都市部では糞尿が溢れる事態となり、河川、湖沼、海域、山谷などあらゆる場所で、糞尿の無秩序な投棄が行われ、環境汚染、水系伝染病、寄生虫罹患などの健康被害が顕在化しはじめ、糞尿の衛生処理が緊急の課題となった。糞尿処理のための法制度や糞尿処理施設整備のための財政支援制度、処理や構造・維持管理に係る基準を整備するとともに、糞尿の処理方法、収集・運搬方法に関する技術開発を急速に進め、わが国独自の集約処理システムを構築していくこととなった。

一八七八（明治一一）年の一月には、日本でコレラの流行があって、人糞尿の処理に対する一般の関心も高まり、「屎尿（しにょう）取締概則」が制定され、屎尿処理の基準が定められた。これが屎尿処理について法的措置が取られた最初である。一八八〇（明治一三）年にはこの概則が廃止され、新たに「屎尿取締規則」が定められ、さらに一八八七（明治二〇）年には「屎尿汲取運搬規則」が公布され屎尿の汲み取り方法や取扱い時間などに関し、細部にわたって具体的な取締り制度が明示された。なお、この頃になって、糞尿に代えて屎尿という言葉が初めて公式に使われることになったと言われている。

一八八三（明治一六）年になって横浜のレンガ製大下水、一八八五（明治一八）年の東京の神田下水を皮切りに、大阪、仙台、広島、名古屋などの大都市で下水道事業が行われ、一九〇〇（明治三三）年には「（旧）下水道法」が制定された。ただし、その目的は土地の清潔を保つことに主眼が置かれていた。受け入れるのは雨水や生活雑排水が対象で、屎尿は同時にできた「汚物掃除法」で扱われ、その搬出は各自が近くの農家に汲み取ってもらえばよいとされた。

一九〇二（明治三五）年にはコレラ、赤痢の大流行にみまわれその後一九〇七（明治四〇）年、一九一〇（明治四三）年、一九一二（明治四五）年に度重なるコレラの流行にみまわれ、また赤痢も毎年三、四万人の患者を出していた。それでも屎尿処理を農家に依存できなくなった大都市から屎尿を受け入れる下水道と、その処理場の建設が開始され始めた。第一号は東京の三河島処理区であった。一九一三（大正二）年から終末処理場とそれに隣接する下水道建設を進め、二二年に運用を開始した。この時代はヨーロッパでも散水濾床法であり、三河島処理場もそれに倣った。次に工事を進めた芝浦処理区は一九三一（昭和六）年、砂町処理区は三〇年に完成した。いずれも散水濾床法であった。これは、生物膜法の一つであり、円形池の中に砕石などの濾材を高さ１・５～２ｍ程度に充填し、その表面に下水を撒布することにより、濾材の表面に付着した微生物の作用により、下水が砕石の上を通過する間に有機物が分解するという方式である。この方法では、臭気やハエが発生し、濾床から剥離した微細な浮遊物によって処理水の透視度が低くなるとともに、施設の必要面積が大きいなどの短所があった。そのため、わが国では、現在、ほとんどの下水処理場が散水濾床法を取りやめている。

東京でより高度な下水処理ができる「活性汚泥法」の最初の導入は三河島処理場で、一九三四（昭和九）年に実用化し、散水濾床法と併用した。活性汚泥法は、微生物の集まった活性汚泥を加えて、底から空気を送り微生物の力で下水の汚れを除去するやり方である。

下水道管と終末処理場をセットで進めることができた都市は、ごく一部の大都市のみであった。一九三〇（昭和五）年に「汚物掃除法施行規則」が改正され、屎尿処分が原則として市町村の仕事となるが、「知事が特別の理由があると認めるときは、当分の間従来と同じ屎尿の処分で差し支えない」という「ただし書き」が付いた。残念ながら、日本全国この「ただし書き」が適用される方が多かったため、従前と大きくは変わらなかった。

屎尿とゴミが同居していた西欧の中世の都市では、ペストやしばしば急性伝染病にみまわれていたため、上水道とともに水洗便所と下水道の建設を、緊急のこととして全力を挙げて取り組まれていた。パリでは一七九二年の大革命頃には、すでに下水道が網の目のように張りめぐらされていたことは、一八六二年に出版されたビクトル・ユゴーの描く名作『レ・ミゼラブル』の中で、革命時に主人公のジャン・バルジャンが下水道をつたって警察の手から逃げていく描写からもうかがえる。

前述の「ただし書き」が取れたのは、汚物掃除法に代わる一九五四年制定の「清掃法」で、屎尿処分は市町村の役目になった。しかし、第二次世界大戦後は戦災復興や産業基盤整備が優先されたため、多くの地域では下水道事業が遅々として進まず、その対象は市町村全域ではなく特別清掃地域に限定された。一九五五年の特別清掃地域の処理法は、下水処理がわずか6・4％で、山野への素掘り投棄・海洋投棄など非衛生的処分が50％を超えていた。その結果、便所紙が水面や山野に散在するような事態になり、河川、湖沼、港湾、海洋などの公共用水域への屎尿の投棄が社会的な問題になった。

同時に、この頃から産業排水による公共水域の水質汚濁や汚染が顕著になり、東京湾での漁業被害問題や、熊本県水俣湾での「水俣病」など、公害問題も顕在化してきた。問題を抱えつつも戦後復興を果たした日本は、引き続きエネルギー転換や技術革新を進め、生産活動を著しく高度化・大規模化させて、経済を高度に発展させてきた。

社会経済が変貌を続けるとともに、公害など諸問題が表面化し、法整備も整わないまま下水道行政は、後追いをしていた。一九五七年に下水道は厚生省、工業用水は通商産業省、下水道の管理は建設省、終末処理場は厚生省と所管が明確化される一方で、「縦割り行政」が進んだ。

翌、一九五八年に下水道法も全面改正され、「（新）下水道法」が誕生した。ただし、ここでは「合流式下水道」を前提に、都市内の浸水防除と環境整備に重点が置かれ、公共用水域への対応はなされなかった。

一九五八年末、日本の本格的な河川や湖沼や海洋の水質汚染防止のための「公共用水域の水質の保全に関する法律（水質保全法）」と「工場排水等の規則に関する法律（工場排水規制法）」のいわゆる水質二法が成立した。これに伴い終末処理場から放流される、処理下水の水質基準が定められた。有害物質の排出は論外として、終末処理の方法ごとに処理下水の水素イオン濃度（pH）、生物化学的酸素要求量（ＢＯＤ）、浮遊物質量（ＳＳ）、大腸菌群数などが規制された。活性汚泥法では、水素イオン濃度は5・8～8・6pH、ＢＯＤは20㎎／ℓ以下、大腸菌群数は３０００個／㎤以下と決められた。当時、これだけのチェック項目を設定し、ＢＯＤも20㎎／ℓ以下というのは、国際的にみてもかなり厳しい数値であった。さらに日本には大腸菌群数の厳しい規制があり、処理下水にも放流前に塩素消毒をすることになっている。公共用水域の水質保全がクローズアップされる中、一九六四年、終末処理場建設が、厚生省から建設省所管に移管された。その管理は一九七〇年まで厚生省で行っていた。下水道管と終末処理場建設の二元化に伴い、下水道と終末処理場に分かれていた五カ年計画を一体化し、「新下水道整備五カ年計画」もスタートした。

水質保全に向けて

高度経済成長期、便利で豊かな社会を享受するものと、そのひずみによる被害者との間に大きな格差を生んでいたが、国民の多くは公害を特殊な例と見過ごしてきた。しかし、水質二法も規制の対象を特定の水域や業種に限ったため、規制外の工場排水で第二水俣病やイタイイタイ病の発生をまたしても容認してしまった。基本的対応に迫られ、一九六七年「公害対策基本法」が生まれ、一九七〇年のいわゆる公害国会で公害関係一四法案が可決された。新規には「公害犯罪処罰法」「公害防止事業費事業者負担法」「海洋汚染防止法」「水質汚濁防止法」「農用地土壌汚染防止法」「廃棄物の処理及び清掃に関する法律（廃棄物処理法、廃掃法）」などであった。改正が「下水道法」「公害対策基本法」「自然公園法」「騒音規制法」「大気汚染防止法」「道路交通法」「毒物及び劇物取締法」「農薬取締法」などであった。生活や生産活動で排出された排水は、廃棄物処理場や下水処理場で処理されてから、河川や海洋に放流されるようになった。このため、河川や海洋の富栄養化が、大きな問題になった。内陸部の上流や都市から排泄された排水が、栄養塩類を高濃度で含んでいる場合、湖や内湾のようなところでは、それらの栄養分が集積され、藻類やプランクトンが大発生した。そのため水面はアオコにより緑色に変色し、透明度が下がるとともに、悪臭を放ち湖や内湾では海水浴や水浴びをすることもできなくなった。また、海洋でも工場の汚水や屎尿の排水などによる水質の汚濁によって、「赤潮」の発生がしばしば問題になった。東京湾や相模湾や瀬戸内海では赤潮が発生し、ノリやアサリなどの養殖魚貝類に大きな被害をもたらし、漁業者に莫大な被害をもたらした。

企業は、社会に損害を与えたり、環境を汚したりする外部コストについては無関心をよそおい、内部コストを小さくする、「外部不経済」とした時代であった。大気汚染と同様、汚染物質が河川や海洋での拡散によって起こるため、水の汚染の及ぶ範囲もきわめて広域になった。こうした事態は、流域や沿岸の漁民や市民にとっては自分たちの努力だけでは解決ができない問題であり、きわめて公共的な性質をもつといわなければならない。汚染の発生の程度も不確実であり、またその影響の度合いも、どのような範囲に及ぶのかも、不確実であった。

工場や事業所などからの排水を規制するなどして、公共用水域の水質保全を図ることが目的で、「水質二法」に代わるものとして一九七二年に「水質汚濁防止法」が制定された。その排水基準は、まず省令で一律に設定し、これで十分でない水域については、都道府県の条例でより厳しい基準が設定できることになった。翌七三年には「人の健康の保護に関する環境基準」と「生活環境の保全に関する環境基準」に分類される、公共用水域の「水質汚濁に係る環境基準」が告示された。前者はシアン、アルキル水銀などの有害物質を公共用水域から排除するため全国一律の基準値が定められ、ただちに達成されるべきものとなった。後者は河川や湖沼、海域別に基準値をいくつかの類型に分け、個々の水域ごとにどの類型を適用するかを指定し、段階的に実現を図っていくというものであった。

公共用水域の汚濁源の一つである屎尿は、「公害国会」で清掃法に代えて成立した廃掃法で、一般廃棄物として扱われ、その処理施設は市町村や行政組合などが設置・管理し、処理施設の規模が五〇一人以上なら、水質汚濁防止法の特定施設として規制の対象となった。さらに、下水道法改正では、下水道普及地区では、トイレの水洗化を義務付けたほか、終末処理場の必置規定などと併せて、公共用水域の水質保全が目的に加えられ、それに伴い水質環境基準が定められた。公共用水域の目的達成・維持のため「流域別下水道整備総合計画（流総計画）」の策定を都道府県に義務づけることになった。

一九七六年の下水道法の改正では、終末処理場からの放流下水の水質管理を困難にする恐れのある悪質下水を出す者への、直罰制度導入など規制監督も強化された。こうして都市の排水施設として始まった日本の下水道事業は一九五〇年代中頃に始まり、一九六〇年代中頃の公害問題から公共用水域の水質保全に深くかかわる環境施設としての側面が加わり、当時一割弱だった下水道普及率は急速に伸び、今では七割を超えている。下水道事業を先進的に進めた東京都の普及率は、ほぼ１００％である。

河川や海洋の環境汚染防止のためには、企業や地方自治体、住民全てが、立ち上がらなければならない。河川や海洋が公共利用水域として共同利用するのにふさわしい状態に維持されなければ、その被害が公共全体に及ぶという点から、あらためて環境汚染の重大さを自身の問題として見つめ直し、行動しなければならない。

　前述したように大都市の周辺では、その住民が消費する大量の野菜の栽培のために、最も安価で大量に使われてきたのが下肥であった。しかし、第二次世界大戦後は化学肥料の普及で下肥の使用が減り、余った屎尿は船で海洋投棄された。下水道の普及で汲み取りは減るが、屎尿は下水道と下水道処理場を通って、川や海に流された。元綾瀬清掃研究所主任研究員で海洋投棄の現場にも立ち会った医学博士の鈴木和雄は、葛飾区郷土と天文の博物館編の二〇〇四（平成一六）年特別展の展示図録『肥やしのチカラ』への寄稿文の中で以下のように証言している。

> 東京では一九九七年三月末をもって海洋投棄船の「第一大東丸」が廃船となって、糞尿の海洋投棄の歴史に終止符が打たれ、一九九九年三月末をもって浄化槽汚泥などを含めて投棄が禁止された。

　一九七〇年代後半になると、大都市だけでなく全国的に水洗式トイレと下水道の普及が進んだため、子供向けの絵本にも水洗式トイレに関するものが登場するほどになった。四、五歳児からの絵本として一九七八年の初版以来今もベストセラーを続けている童心社の田島征彦著『じごくのそうべえ』という絵本がその一つだ。上方落語の『地獄八景亡者戯（じごくばっけいもうじゃのたわむれ）』を題材にした絵本である。軽業師のそうべえが綱渡りの最中にバランスを失って落ちて、三途の川を渡りエンマ大王に地獄行きを宣告され、「糞尿地獄」に放り込まれてしまう。

「あんまり　くそぅないなあ。こんなんやったら、ぅちのトイレのほぅが　くさいぐらいや。ぅんこが、そこのほぅで　ひからびてしもぅて、くっついとるだけや」

「じごくも　このごろ、どこも　すいせんしきのおべんじょになってしもて、ふんにょぅが　あつまりまへんのや」

水洗式トイレと下水道の普及ですっかり干からびてしまった糞尿地獄の鬼どもと、そうべえとのユーモラスな会話が子供たちに大うけである。

日本人は古くは便所を「ご不浄」「はばかり」などと呼んで、人目をはばかる汚いところだと決め込んでいる人が多かった。しかし、水洗式トイレが普及すると、便所の表現もトイレという者が最も多くなり、最近では「お手洗い」「化粧室」「パウダールーム」などが一般的になり、「便所」とは呼ばなくなってきた。

どうする、あふれる窒素

江戸時代中期以降、日本各地でさまざまな商業的農業が発達し始めたが、藍やナタネの特殊作物でさえ、下肥や堆厩肥などの自給肥料が基本であった。最初に金肥が使われたのは、畿内、尾西地方の綿作であった。この地方では江戸中期から魚肥が使われていた。この魚肥は、はじめのうちは干しイワシが主で、四国、九州、さらに遅れては房総九十九里のイワシが大阪に集められ、各地に売られていった。幕末になって北海道の開発が進むと松前のニシンによる鰊粕が重要性を増してきて、やはり大阪を集散地として取引が行われた。もちろんナタネ粕、綿実粕、鶏糞、蚕の糞である蚕沙（さんさ）なども利用されていたが、何といっても綿作の発展は魚肥と結びついていた。今でも正月料理の祝いの膳に供される「田作り」は、カタクチイワシの幼魚の佃煮で、昔、イワシが田の肥やしとして用いられていたことに因んだものである。豊作を願う縁起物として、今もなお私たちの正月料理の中に息づいているのは、大変興味深い。

大豆粕も明治初年から輸入が始められていたが、一八九五年の日清戦争以後は清国、特に満州から輸入された大豆粕の利用が、飛躍的に増加していった。魚肥は、窒素とリンを主とした肥料である。しかし、大豆粕はリンの含有量がきわめて低い窒素肥料で、魚肥が畑作物の施用から始まって稲作に移っていったのに対し、大豆粕ははじめから稲作のための肥料であった。大豆粕は鰊粕の約半分の値段であったから、リンを特に必要とする作物を除いては大豆粕の優位は動かしがたいものであった。

化学肥料の硫安が初めて輸入されたのは一八九六（明治二九）年で、国内ではじめて生産されたのは一九〇一（明治三四）年に東京ガスおよび大阪ガスが、ガス製造過程で副次的にできる硫安の生産を始めた時であった。硫安が本格的に肥料として使用されるようになったのは、昭和に入ってからであった。第4章で詳しく述べるが一九一三年にドイツにおいて、ハーバーとボッシュによって工業化された硫安製造法が、第一次世界大戦後世界各国に開放されて、世界的に生産が飛躍的に伸びてきてからだ。第4章でも述べるが、硫安工業は爆薬の原料である硝酸や各種の薬品染料とも関連が大きいために国家の援助も大きく、第二次世界大戦前における最大の化学工業として進歩した。そのため、価格も安く肥料の王座を占めるようになった。

第二次世界大戦後の一九五〇年代中頃になると肥料の不足も解消され、急激に窒素肥料をはじめとする肥料消費量が増加してきた。この時代には窒素、リン、カリウムといった単肥の施用が減少して、複合肥料の施用が急激に増してくる。これは経済の高度成長、米価上昇の時期と一致しており、化学肥料の使用は農家にとって大きな負担ではなくなってきて、使用料の増大、堆厩肥施用量の減少に拍車をかけたのである。

本来、植物である作物には、土中の栄養と空気中の炭酸ガスや窒素を取り込んで、自分で生き延びていく力が備わっている。土壌や空気からの栄養摂取が主体であり、肥料が過ぎれば、土地も農産物も栄養過多になってしまう。現在、日本は膨大な量の食料や飼料や肥料を海外からの輸入に頼っている。二〇〇〇年における日本の窒素とリンの循環は、松田晃・間藤徹の「窒素サイクルと食料生産—植物栄養学21世紀の課題」（二〇〇二）という論考の中で明示されている。これによると外国から食料・飼料の形で入ってくる窒素はざっと１０１万t。化学肥料

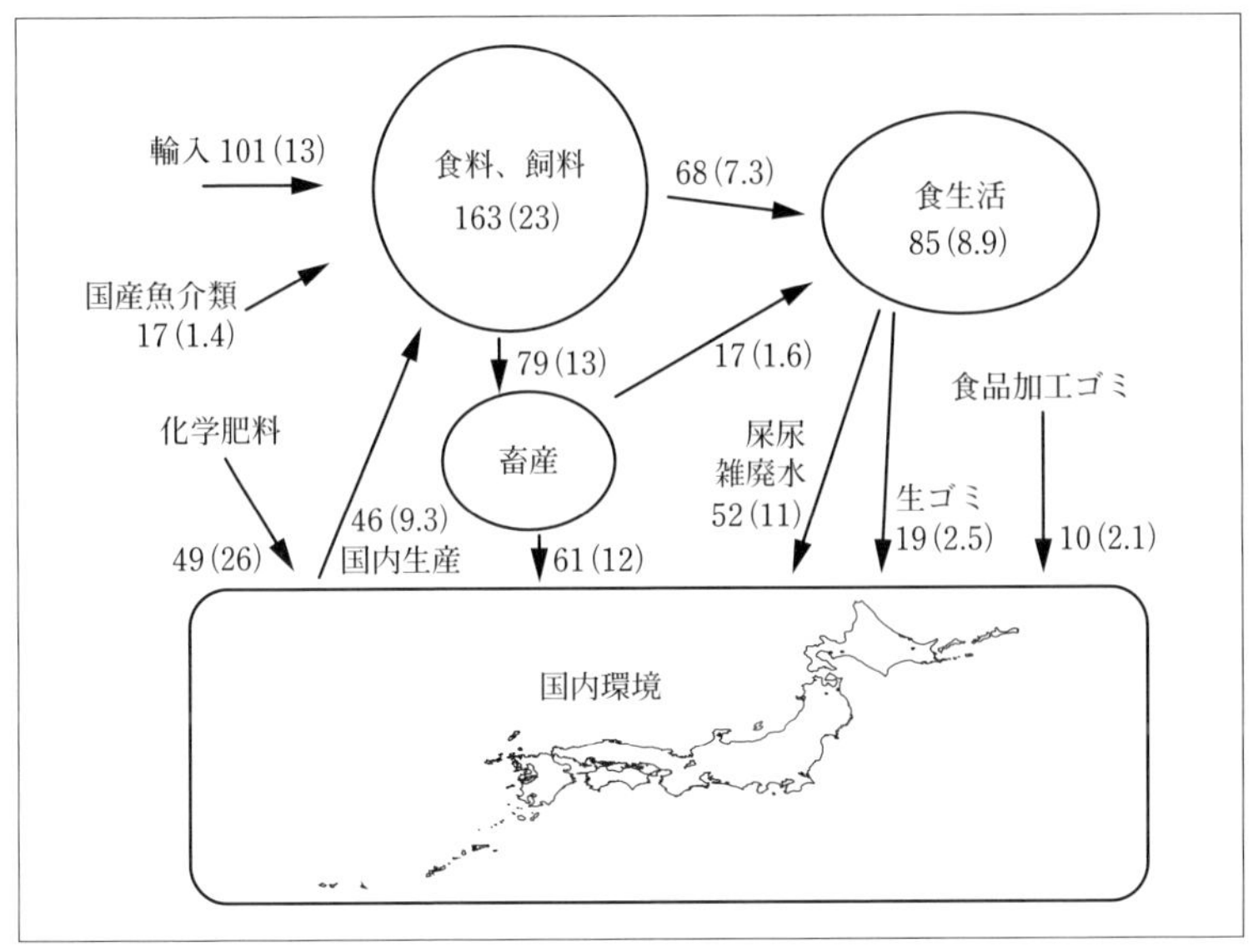

2-10　日本における 2000 年の窒素とリンの循環　(単位：万 t)

（　）内の数値はリン　松田・間藤（2003）による

の49万tの二倍を超えている。食料・飼料の窒素やリンの大部分はめぐりめぐって、人や家畜から排泄される。窒素の量は生ごみなどを含めて人が71万t、家畜が61万t。人の分の多くは、現在、高い経費を払って焼却しているのがほとんどである。環境への影響が深刻なのは家畜で、家畜排泄物は約94％が再利用されていることになっている。しかし、仮にこの窒素を農地に均等に撒いたとすると、１ha当たり約１３１kgにもなる。ちなみに、平均的な水田の窒素肥料の量は年間90kg前後、味を良くするために60～70kgほどの量しか施用しない農家もある。

いずれも、あくまで計算上の話で、排泄物を堆肥として使おうとすると、その中の窒素の三〜五割は窒素ガスとして空中に逃げて減る。一方、日本の農地の過半を占める水田では畜産堆肥はほとんど使われていないため、現実には畜産地帯に窒素が滞留していることになる。

農水省は、一九九九年に成立した家畜排泄物法と肥料取締法の一部改正によって、家畜排泄物の適正管理と堆肥の品質管理強化に乗り出した。作物をつくる耕種農家に家畜堆肥を使ってもらう「耕畜連携」を窒素汚染から防ぐ柱としている。しかし、家畜糞尿に対しては「抗生物質などが心配だから動物性のものは使わない」という農家の声も少なくない。重量がある上にかさばる厩肥は、輸送コストが移動を阻んでいる。運んで使ってくれるのはせいぜい30〜50km程度の距離にある農家だけというのが従来の実態だった。また日本の畜産の多くは、輸入飼料に頼っている。自分の畑でつくった飼料で育てれば、窒素がそこで循環するためこんな問題は起きないが、それだけでは市場で生き残れないという現実がある。農家も消費者も、安くておいしい食べ物を求めてここまできたのだから。

これらの一部が家庭生ごみ、下水汚泥、家畜排泄物として国内のあちらこちらで排出され、その処分が大きな問題になっている。その結果、地下水や流域も湖沼や海洋などの公共水域も栄養過多になってしまっている。

人間が自然とともに永続的に生きていくためには、食を支える農業が永続的、循環的でなくてはならない。それには、そこに暮らす人たちの生活や環境も持続的でなければならない。日本の農村を含め、日本の社会はその条件を満たしているのだろうか。条件を満たすにはどうしたらいいのだろうか。窒素という元素の循環からそれを点検しなければならない。食生活と農業生産現場の点検を行い、環境に滞留する窒素を低減させていくことを期待したい。化学肥料の多用で手軽に作物を育てるのではなく、有機物を入れて微生物の力を借りながら耕地の地力と植物の根の力で育てると、作物は健康に育ち、味も良くなり、良い循環が作られていく。窒素詰まりの状態から、窒素が少ない望ましい循環系を作りあげていくことが食生活や農業生産の場でも、地下水や河川や海洋の水質保全面でも求められている。

まさかの海と湖の「貧栄養化」

第二次世界大戦後の高度経済成長に伴い、海外から輸入される飼料や肥料、食料などに含まれている窒素やリンなどは水域へ排出され、これに伴って湖沼や沿岸の海域は富栄養化し、各所でアオコや赤潮が発生してきたことはこれまで述べてきた。現在は下水道の普及とともに、下水処理場の排水基準が厳しくなり、有害物質とともに、プランクトンなどの生育に必要な栄養分まで取り除かれ、河川や湖沼や海洋が以前に比べれば格段にきれいになってきた。こうしたさまざまな取り組みによって、最近では赤潮の発生が話題になることはだいぶ少なくなり、透明度の上昇にみられるように水質は明らかに良好になってきた。

こうした対策は当然とるべきことではあるが、その一方で、アサリの不漁、ノリの色落ち、漁獲量の低下などの新たな問題が起きている海域があることが明らかになってきた。水質浄化や水質改善の結果、ただ汚水や悪臭が改善されたと喜ぶばかりで、どのような変化が海洋生態系に起きてくるのかということについて、私たちは十分な知識と経験を持ち合わせていなかった。広島大学名誉教授の山本民次は、瀬戸内海を中心に「海の貧栄養化と漁獲高の減少」が起きている事実を、諏訪湖を中心に研究を進めている花里孝幸との共編著『海と湖の貧栄養化問題』(二〇一五)で取り上げ、警鐘を鳴らしている。この本を手にして、今、まさかの海と湖の貧栄養化問題が起きていることを、私自身も気づかされた。

環境省は二〇〇五年からの第六次水質総量規制において、「大阪湾を除く瀬戸内海での規制強化は見送ることとし、窒素やリンも適度であれば漁業にプラスであり、澄んだ海と魚の豊富な海は必ずしも両立しない」とした。現在、このことが共通の認識になりつつあり、「貧栄養化問題」が国内で徐々に認知され議論されるようになってきたという。陸や海の生態系内には種々の生物が生息し、それらの生物同士が相互に影響を与え合っている。また生物を取り巻く物理的環境あるいは化学的環境の影響など、それらが生態系をどのような方向にシフトさせるのかを予測するのは容易ではない。生態系内の動的応答を扱う、複雑科学のさらなる進歩が望まれる。

汚泥が救うか土と肥やしの危機

現在日本で使用されている化学肥料の原料は、前述したように大部分が海外に依存している。特にリンやカリウムは原料となる天然鉱石が一部の国に偏在し、日本は最近まで約九割を中国やロシアなどから輸入してきた。しかし、二〇二二年七月二一日の朝日新聞の記事によると、二〇二一年秋以降、中国からの日本への輸入が滞り始めているという。それは中国国内の需要を優先するための実質的な輸出規制とみられている。さらにロシアのウクライナ軍事侵攻の影響で天然ガスなどから作られる窒素系肥料や、ロシアやベラルーシから原料を輸入してきたカリウム系肥料も高騰している。国内最大手のJA全農は、二〇二二年六月から標準的な肥料の卸値を約一・五倍に引き上げたと、二〇二二年七月二一日付の朝日新聞記事「肥料の高騰「下水」が救う?」で報じられていた。そこで注目が集まっているのが、国産の資源である下水汚泥である。下水処理の過程で二種類の微生物の働きにより、有機物および窒素を酸化、分解する。まず、硝化菌がアンモニア性窒素を酸化させ亜硝酸性窒素にする。次に脱窒菌が、水中に溶け込んでいる溶存酸素を栄養源にして亜硝酸性窒素を窒素ガスに変換し、このまま大気中に放出される。この過程で微生物の体内には、リンと窒素が取り込まれる。分離され取り除かれた大量の微生物の死骸が下水汚泥である。国土交通省によると、全国二〇〇〇カ所以上の下水処理場から出る汚泥は、年間230万tで、その中には5・1万tのリンが含まれているという。国内の農業分野で使われるリン成分の二割に相当する量だという。二〇二一年に農林水産省が定めた「みどりの食料システム戦略」では、化学肥料の使用量を「二〇五〇年までに30%少なくする」目標を掲げ、下水汚泥の活用にも言及している。さらに、二〇二二年九月一〇日の朝日新聞記事によると、「岸田文雄首相は化学肥料の高騰に対応するために、下水汚泥など国内資源の利用を拡大するよう農林水産省に指示した」とある。基本的には国内資源に目を向けることは大事であるが、単に化学肥料の高騰への対処だけではなく、堆肥などの有機物の施用が減少し、土壌肥沃度が低下し、農と食と環境に大きな影響を与えているという、大本を見落としてはいけない。

ただ、下水にはさまざまなものが流れ込む。大腸菌などは高温で発酵させる際に死滅するが、水銀や鉛などの重金属はのこる。これらを除去して、有機質肥料を製造しようという試みは何年も前から行われているが、設備、コスト、安全性などさまざまな問題があって、資源の有効利用がうまく行っていないのが現状である。特に有機農業で汚泥を使う場合、農林水産省はその汚泥の全てが天然物質や天然物質由来ということを証明する必要があるとしていることが、汚泥利用のハードルを高くしている。肥料として使われているのは全体の一割ほどにすぎないという。しかし、下水の汚泥を肥料に使っている地域も徐々にみられるようになってきた。筆者の住んでいる埼玉県さいたま市の大宮南部浄化センターでは、病原体が完全に死んでいるこ

2-11　さいたま市の汚泥から堆肥を製造する装置（左）と、できあがった「イデオユーキ」（右）

とや、重金属が含まれていないかなど定期的な検査を受けた高度汚水処理によってできた汚泥を、「イデオユーキ」という名前で、二〇〇三年から市民に一袋10kg入りを一〇〇円で希望者に頒布している。私は毎年五袋購入して、庭の花壇や小さな菜園の土づくりに利用している。さらに、埼玉県では道路の維持管理に伴い、発生した刈草や剪定枝を堆肥化し、希望する県民に無料で配布している。しかし、これが農業分野で広汎に使われるまでには至っていない。「下水汚泥」というイメージの改善のほか、安全性や成分の安定性の確保、製造コストの低減などが課題になっている。神戸市では下水汚泥から化学的にリンを取り出す方法を、二〇二〇年から事業化した。下水汚泥にマグネシウムを加えてMAP（リン酸マグネシウムアンモニウム）の結晶を取り出し、１kg四五円で肥料メーカーに販売している。同じように、九州の福岡市でも汚泥処理過程で、ＭＡＰを顆粒状にして取り出して肥料として販売している。こうした取り組みが各地で広範に行われていくようになれば、物質代謝のサイクルを人為的に完結させる一歩になるであろう。循環の時代に返る大切さに気づかなければ、人類も危急存亡の機に直面するに違いない。

第3章
今に息づく武蔵野の落ち葉堆肥農法

武蔵野の開拓

日本では耕地といえば米のとれる水田であって、畑は水田に比べ副次的な耕地という感覚でみられることが多い。水田稲作との対比によって畑作が副次的であるというのは、石高制による支配体制が確立した近世において構築された畑作観によるものであった。地質、地勢からみても、畑は水田よりも不利な位置に存在するものが多くみられる。河川に近く平坦地にある肥沃な土地は水田によって利用され、畑といえば傾斜地や丘陵、台地などに分布し、そのため表土は侵食されて土層が浅く、母材の岩石の影響が強い土壌が多い。干ばつの被害に遭いやすいところが多く、また作物にとって重要なリン酸が不活性になりやすい酸性土が多いこともその特徴であるといえる。畑作は水田稲作のような灌漑水によって地力を維持するシステムがないために、養分を毎年、人為的に補給するか、長い間、休閑をして地力が自然に回復するのを待つしか方法がなかった。畑では水田に比べて地力が消耗しやすい上に、作物の生育を左右する窒素分が特に流亡しやすいという欠点がある。水田では、水稲の生育している間は田面水があり、酸素不足の還元状態におかれている。そのため、窒素成分はアンモニアの形でとどまっている割合が高く、土壌粒子に吸収されやすくなるが、畑では土壌粒子に吸収される性質を失っているために、降雨などによって作土の外に流れ出てしまう。リン酸成分の変化も、畑と水田では少し異なっている。水田では気温が高くなってくると、土に強く固定された成分も水稲の根に吸収されやすい形に変わってくるが、畑ではいったん土に固定されたリン酸成分は、なかなか作物に吸収されやすい形には戻らない。したがって畑では、リン酸を多く施さないと収量が少ないし、施し方にも注意が必要である。そして畑は水田に比べて酸性化しやすい。降水量が多いと、カリウム、ナトリウム、石灰、苦土（くど）（酸化マグネシウム）などの塩基類の流亡が著しく、またケイ酸の溶脱もある。これら塩基の流亡によって酸性化が始まる。塩基は酸性になると、特に溶けだしやすいので、その流亡は加速されて、ますます酸性化が進んでしまう。したがって畑作農村では、人口が増加していくのに伴い生産力を上げる必要に迫られると、長い間休閑をして地力の回復を待っているわけにもいかず、畑地の地力を維持する農法が必要になる。畑土壌は、水田のように灌漑水からの養分の自然補給がなく、特に施肥されることがない微量要素が不足しやすい。そのため畑には、付近の林野から得られる青草や刈敷などの緑肥、落ち葉から作る堆肥とともに、竈（かまど）や囲炉裏から得られる草木灰といった自給肥料が古くから施用されてきた。特に畑土壌への堆肥などの有機質の投与は、微量要素の給源となっていて重要である。

　山間地の山腹や山頂付近の緩斜面や崖錐（がいすい）や扇状地などでは、水利が特に悪く腐植の少ない礫まじりの土なので、米や野菜などを栽培することは難しかった。食料を得るためには、粟や稗、豆類やソバ（蕎麦）、芋などが「焼畑」や「切替畑（きりかえばた）」で栽培されてきた。切替畑というのは、

3-1　小手指原古戦場の碑（所沢市）

明治中期に国木田独歩の『武蔵野』の冒頭で「武蔵野の面影がわずかに残っている所とはこの古戦場あたり」と描かれ、小手指の名は全国的にも知られるようになった

植林などの地拵のために火入れをし、樹木が小さい間は畑として利用し、植栽した樹木が生長したころに林地に替えるというものである。

武蔵野というのは本来、東京都、埼玉県および、神奈川県の一部を含む武蔵国に広がる原野を指している。入間川、荒川と多摩川に挟まれた洪積台地で、海抜120ｍに位置する谷口集落の青梅を扇頂とした多摩川がつくった古い扇状地である。扇状地中央部の広大な扇央部は洪積層の礫や砂の上に、火山灰を母材とした関東ロームが厚く堆積している乏水地である。しかし、台地上には狭山丘陵下をはじめとした数個所の湧泉から、黒目川・白子川・石神井川・妙正寺川・善福寺川・井の頭川・目黒川などの小河川が流出している。多摩川の段丘崖の垰や、これらの小河川の開析谷の湧水地などには早くから集落が成立していた。水田は小規模ながら、垰や台地を刻む樹枝状谷の浸食谷などの付近に開田されていた。そして集落に近接する台地の縁辺部には、常畑が拓かれた。しかし、広大な乏水性の台地面に、集落や常畑が拓かれるようになったのは、江戸時代になって、農業土木技術の発達をみてからであった。台地面は、古来、シラカシなどの常緑広葉樹の森林に覆われていたこともあったといわれるが、古くから農業的な利用がなされてきたことは、疑いのないところである。青鹿四郎は一九三五（昭和一〇）年刊行の『農業経済地理』の中で、以下の歌を引いて、古代には武蔵野が焼畑や牧野として利用されていたことを推論している。

おもしろき野をば焼きそ古草に新草まじり生ひは生るがに（万葉集巻一四、東歌）
春の野に草はむ駒のくちやまずあおしぬふらむ家の子らはも（万葉集巻七、東歌）

また、「続古今和歌集」には、源通方（みちかた）による次のような歌がみられる。

武蔵野は月の入るべき嶺もなし尾花が末にかかる白雲（続古今和歌集・源通方）

この和歌によると、一三世紀頃になっても武蔵野が、やはり一面のススキ（尾花）野原であったことが推論できる。さらに、青鹿は埼玉県所沢市の小手指（こてさし）や、さいたま市の指扇（さしおうぎ）などの「サシ」地名から焼畑を、朝霞市の内間木（内牧）や志木市引又（引馬多）などの地名から延喜式の官牧が存在していたことを推論している。「サシ」または「サス」がつく地名は、漢字で「指」「差」などを当てているが、奥秩父や奥多摩の山間地で多くみられ、かつて焼畑が行われていた地名だといわれている。焼畑の作業は樹々の伐採から始まり、枝を払い用地一面に広げ、下草とともに乾燥後、火入れを行う。こうして背丈の低い灌木を交えたススキ草原からなる植生に、火入れをして植物体を草木灰化してしまう。その結果、地上部分の植物栄養素のカリウムやカルシウムは、無機化して植物体に吸収されやすい形で、土壌表面に均一に供給されることになる。さらに火入れによる土壌温度の上昇により、あたかも水田土壌の「乾土効果」と同様に、「焼土効果」が出てくる。火入れによって土の温度が高くなることによって微生物も繁殖して、腐植中の窒素が分解され、アンモニアになって作物に吸収されやすくなる。そのほかにも土壌中のリン酸も有効化して、作物をつくることが可能になる。さらに、火入れによって地表や表土中にある雑草の芽や種子を死滅させることができるため、雑草の防除にもかなり役立っていた。

　青鹿の引用した万葉集や続古今和歌集の歌をみても、八世紀頃から一三世紀頃の武蔵野は一面のススキなどの草野原であったことがうかがえる。シラカシなどの森林は火入れや放牧によって、ススキ原へと逆戻りしたのだ。たとえ休閑中でもアカマツやクヌギ、コナラなどの二次林の疎林程度であったと思われる。江戸時代の初期には、武蔵野は湧水帯に立地していた古村の入会秣場になっていたので、台地上の植生は一三世紀頃と大きくは変化していなかった。入会秣場というのは、人々が共同で、薪や牛馬の飼料の秣（馬草）や、肥料にする落ち葉や草などを手に入れる林野で、農業や農村生活の再生産を行う上で重要かつ不可欠な存在であった。

　大阪平野の台地では、ため池灌漑により中世から水田開発が行われてきた。しかし、関東平野の多くの台地・丘陵上では、大阪平野と異なり長い間、水田を開田することができなかった。その理由は、河川なども少なく起伏の少ない台地面にため池を造成することが難しく、灌漑用水が得難かったからである。それに加えて、台地には関東ローム層が厚く堆積しているため、漏水がはなだしく開田が妨げられたためである。したがって、古村は水の湧き出る段丘崖や扇状地の扇端部に立地し、台地の上はそれらの村々の焼畑耕作や放牧や、入会秣場として粗放的に利用されていたにすぎなかった。

　一七二二（享保七）年、極度の財政難に陥っていた幕府は、新田開発に対する従来の規制を解き、財政再建の一政策として新田開発を強力に推進することに転換した。この決定は武蔵野に関しても当然適用されたが、この開発政策に反対して、多摩・入間（いるま）両郡二八カ村の農民が、開発の取り下げを願い出た文書がある。その中に入会秣場が当時の古村の農民たちにとって、いかに重要な存在であったのかが記されている。それは大友一雄の『所沢市史研究』、第四号「享保期北武蔵野開発と秣場騒動」（一九八〇）という論文の中にでてくる「乍恐書附を以御訴訟申上候」という一七二三（享保八）年に出された文書だ。

　それを読んでみると、武蔵国の多摩と入間郡の計二八カ村の農民が、「武蔵野は古くから入会秣場として、芝（柴）草を刈って田畑の肥やしとして用いただけでなく、薪を取り、食糧が不足すれば野草を摘み、そのおかげで飢を凌ぎ、人馬共に命を繋いできた」と記されている。武蔵野の古村の水田に限らず日本の水田稲作は、毎年多量の草や木の枝や落ち葉などを入会林野から運び出して水田に投入して、水田の肥沃さを保って再生産を可能にしてきた。あわせて薪炭材をはじめ飢饉の時には、野草やキノコを採取して食料の不足を補ったりしてきた。先に武蔵野はそれまで粗放的な利用がなされていたと書いたが、古村の農民にとって武蔵野は、いざという時にはまさしくセーフティネット的存在であったに違いない。このような事情から古村の農民たちは入会秣場の新田開発は死活問題であると、三富(さんとめ)新田開拓が始まって三〇年近くたったにもかかわらず、こぞって北武蔵野の開発の取り下げをしてほしいと願い出たのである。

しかし、こうした古村からの切実な願い出があったものの、幕府や川越藩の財政は逼迫し、古村の農民たちの願いもむなしく、武蔵野だけでなく低湿地など次々と新田開発が進められた。

三富新田の成立と短冊型地割

矢嶋仁吉の『武蔵野の集落』（一九五四）によると、武蔵野の新田開発は、三期に分けられて行われた。第一期は一七世紀初頭の江戸時代初期から正保年間（一六四四〜一六四八年）までで、青梅の新町に代表されるように、小規模な新田集落であったが、慶安年間（一六四八〜一六五二年）から元禄年間（一六八八〜一七〇四年）までの第二期は、五日市街道沿いの小川新田・砂川新田や、三富新田に代表されるように大規模で数も多かった。第三期は宝永年間（一七〇四〜一七一一年）から一九世紀中葉の幕末までの新田開発の完成期で、八二カ所の武蔵野新田が急速かつ模式的に開発された。江戸幕府の成立以降、玉川上水や野火止用水の掘削などがなされ、こうした農業土木技術の発展がみられたことも、いわば農耕限界として残されていた武蔵野の開発を可能にした。したがって、耕地や集落としての本格的な武蔵野の開発は、江戸時代の新田開発期以降になってから始められたところが多い。栃木県の那須野原などは、明治になってからようやく開拓が始まっている。台地面には大きな河川がなく地下水位も低いので、この台地や丘陵や扇状地の上は、水を得ることが難しい土地であるから、水田ではなく拓かれた耕地の大部分は畑であった。

江戸時代に拓かれた東京西郊の武蔵野新田の多くは、入植農家に土地を均分に配分するために細長い短冊型の地割が施された（カバー裏上富新田地割図参照）。元禄七（一六九四）年に拓かれた北武蔵野の三富新田は、現在の埼玉県入間郡三芳町の上富新田と、それに隣接する所沢市の中富新田と下富新田の三つの川越藩営新田をあわせた呼称である。上富・中富・下富のそれぞれの新田は、まず幅六間（約11ｍ）の路を縦横に拓くことから開拓が着手された。この路の両側を間口四〇間（約72ｍ）、奥行三七五間（約６７５ｍ）の細長い短冊型に区画し、一戸当たり五町歩（約５ha）ずつ配分した。一戸当たりの面積は古村と比べると、相当広くとってあるが、これは瘦地（やせち）で土地生産性が低かったため、古村の平均約１haに比べると、かなり面

3-2　畑地と平地林が織りなす三富地域の景観

積を広くして収穫高をあげようとしたのであろう。道路に面した表側を屋敷地として、その次に耕地を、いちばん後方にヤマと呼んでいる平地林をレイアウトした。3-2の写真のように耕地生態系の中に、入会地や里山の機能を取り込んだものとみることができる。

こうして江戸時代になって新田開発が行われるようになり、入会秣場や焼畑としての利用が消滅し、台地上にはアカマツやクヌギ・コナラなどの二次林が形成された。新田村落の農民は新しく拓いた常畑に入れる堆肥をつくる落ち葉や、燃料の薪を得るために各戸で平地林を育成しなければならなかった。おそらく、クヌギ・コナラ林といった陽樹への自然の遷移を待つだけでなく、播種をしたり苗木を植えたりして積極的に平地林を育成したものと思われる。

その間の事情を知る鍵となる記述を、北武蔵野の三富新田の開拓事情が記されている一九二九（昭和四）年刊行の『三富開拓誌』の中にみつけることができる。それには「開拓の当時居を構えし者に、一戸三本つつの楢（なら）苗を配分したりと云う、現今繁茂せる楢はその後身である」と記されている。さらに、一六五〇（慶安三）年の「川越藩郡方条目」（豊橋美術博物館所蔵大河内文書）をみると、川越藩では「椚（くぬぎ）や小楢（こなら）などの材木になる分は枝下ろしをして育て、細木は薪にせよ」とか、「切り株から出た孫生（ひこばえ）のうち発育の良いものを二本残し、残りは切り取れ」など、林の維持・管理や利用法などを細かく指示していることがわかる。これは、平地林の維持・管理を規定した、おそらく最古の法令であろう。『三富開拓誌』には、各戸に配布したコナラの苗木は三本と記されており、その数がいかにも少ないような気もするが、「川越藩郡方条目」をみても、三富新田の平地林は確かに人為的に作られてきた林である。

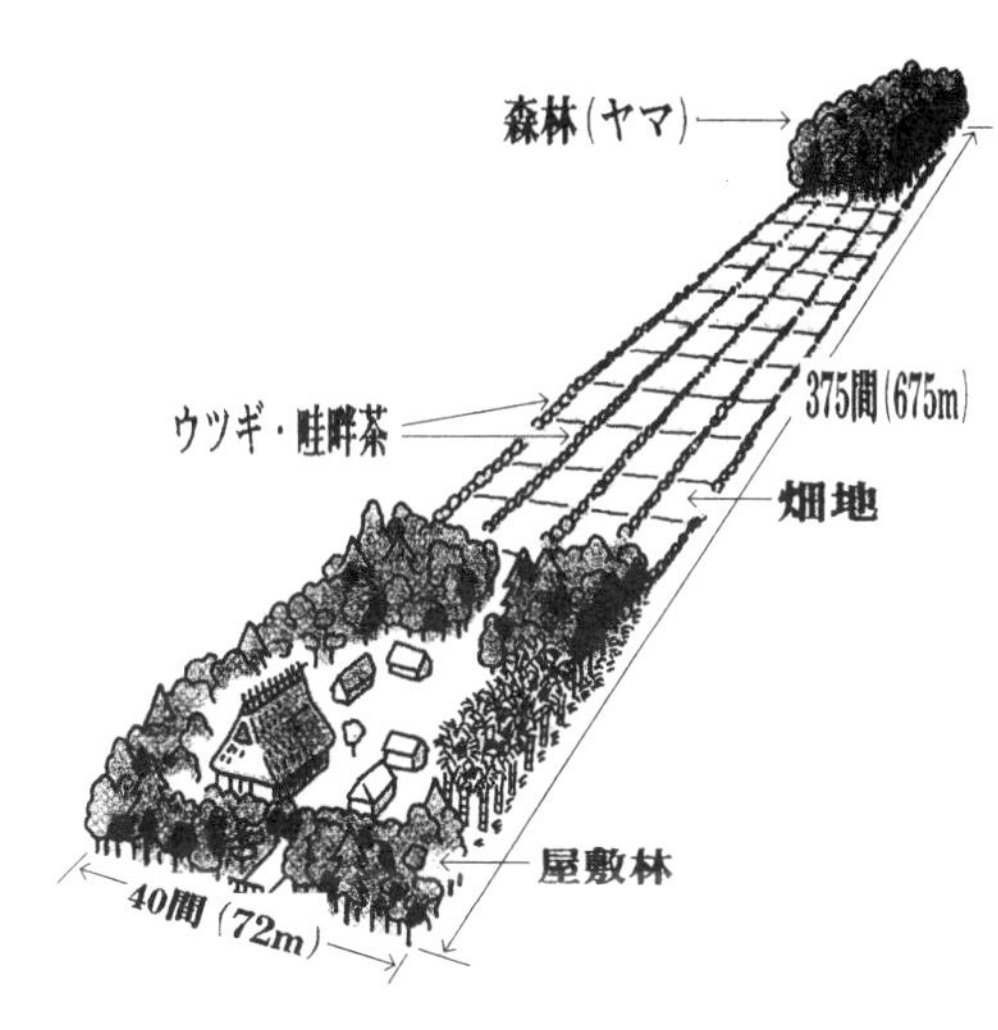

3-3　上富新田の短冊型地割（模式図）
犬井（2001）による【口絵❷参照】

個々の農家の短冊型地割の最後部にレイアウトされたクヌギ・コナラからなる平地林は、隣家の平地林と帯状に連なり、各戸の農業と農村生活を支える入会地に代わる新たな里山としての役割を果たしていた。

3-3の図のように短冊型地割の中央には、幅四尺（約1・2m）の耕作道を作り、畑の境には境界の役目と同時に、畑の土が強風に飛ばされないようにウツギ（卯つ木）を植えた。畑は一人一日分の労働範囲の目安となる五畝（約5ａ）単位に区画されていた。「一人前の男子とは、一日に五畝の畑を耕せるものをいう」と言われてきたように、当時、農民は五畝を基準として耕作の計画を立てたという。家の周囲を囲む屋敷林には、竹、ケヤキ（欅）、カシ（樫）、スギ（杉）、ヒノキ（桧）などが植えられている。これらは、冬の「空っ風」から家を守る防風林の役目を果たすだけでなく、竹はしっかり根を張り地震に強いことや、食料としてのタケノコが採れること、農具や竹籠の材料などが得られることなどが考慮されていた。ケヤキは落葉広葉樹の高木で枝が広がっているため、夏は日陰をつくるが、冬は落葉して暖かい太陽光を家の内部にまで取り入れられること、スギやヒノキとともに家の建材としても利用できることなどが考えられた。カシは火に強く隣家からの飛び火があっても防げることや、カシの実のドングリ（じんたんぼ）は、飢饉時の非常食となることなどが考えられていたのだろう。見事なまでに樹木それぞれの特性を考えて植栽されていたのには、あらためて驚かされる。

三月の初旬のヤマの樹々の芽吹きを合図に、落ち葉を踏み込んでサツマイモの苗床を作ったり、ジャガイモの切り口に灰を塗(まぶ)して植え付けの準備を始めたりする。三月下旬から四月上旬に、コブシの白い花が咲くと里芋の植え付け時期が来たことを教えてくれる。コブシの花の咲き方や、屋敷林のケヤキの芽吹きの状態を観察することによって、農民にとって一番警戒を要する晩霜の有無を判断していた。コブシの花が木の高い枝や、低い枝にも一斉に開花すれば、晩霜の心配がない年だ。ヤマで一番遅く芽吹くのがネムノキで、ネムノキが芽吹けば「八十八夜の別れ霜」の心配も、もう無用になる。五月上旬になるとヤマのエゴノキが純白の美しい花を咲かせる。「エゴが咲いたら、サツマ床の苗を切る」といい、いよいよ武蔵野ではサツマイモの苗挿しの時機到来である。エゴの開花から少し遅れて畑の境界木のウツギが純白の花を咲かせる。農民はこれを茶摘みの目安にしていた。農事暦は自然や季節の移り変わりを、農作業に読み込む仕組みであった。もちろん、四季折々姿を変えるクヌギ・コナラの平地林や、林床の草花の変化から、農民の自然観やメンタリティーが育まれてきたのはいうまでもない。当時の開拓農家の営農や生活にとって、この平地林がいかに重要であったのかが理解できる。アカマツを交えながらも大部分が、落葉広葉樹のクヌギ・コナラからなる平地林は、農民が長い間、管理・育成してきた人工の里山としての林で、自然にできた林ではないことを強調しておきたい。

不良土の黒ボク土と空っ風

台地や丘陵地を覆っている表土は、ほとんどが火山灰の風化物からできた酸性土壌である。これは関東平野だけでなく北海道、東北、九州には、いわゆる「黒ボク土」と呼ばれる火山灰土が広く分布している。第1章でみたように水田稲作が北九州から日本各地に伝播される時に、開田が敬遠された土である。その名前は、「黒色で歩くとボクボクする土」というのが由来という。第二次世界大戦後、日本の土壌を実地調査したアメリカの土壌学者が、黒ボク土のあまりの黒さに驚いて、暗土（ando）と呼んだ。これが元になって土壌分類の中に、日本語起源のアンドゾル（Andosols）の土壌目が設けられ、これが国際的な専門用語として定着したのだという。黒ボク土が真っ黒な色をしているのは、土壌の中に有機炭素を含む腐植が多量に集積している証拠である。黒ボク土は日本の他の土壌に比べても腐植の含有量が格段に高く、世界中のいろいろな土壌と比べても遜色がない。腐植は文字通り「腐った植物」に由来しているのだが、落ち葉や枯れ枝や枯草や根といった植物由来のものだけでなく、動物や微生物の死骸や糞も材料になっている。新鮮な生物遺体や落ち葉や枯れ枝が原形をとどめないほど細かくされて腐葉土となり、それが細菌や昆虫、ミミズやトビムシやダニのような土壌生物の餌となり、さらに細かくなったものが腐植である。土壌中に生息する微生物が活動するためには、炭素を酸化してエネルギーを得ること（呼吸作用）が必要である。その後、さまざまな有益菌のリレーによって落ち葉は分解が進み、二酸化炭素、水、アンモニア、硝酸塩などの無機物に変換されていき、植物の根から取り込まれていく。

そして、どこそこの土は肥沃だとか肥沃ではないということがあるが、土壌の肥沃度を決めているのは主に有機物である腐植の含有量の多少である。腐植の多い土壌は黒く見え、団粒構造をとりやすく、保水性、通気性に富んでいて、プラスのイオンを吸着する働きが強いというように、植物にとって好条件がそろっている。例えば、カナダの春小麦地帯のプレーリー土や、ウクライナからロシア南部に分布する黒色土のチェルノーゼムには、カルシウムを多く含む安定した腐植が集積している。チェルノーゼムは、その肥沃さから「土の皇帝」とも呼ばれ、小麦の一大穀倉地帯となり「ヨーロッパのパンかご」として知られてきた。

ところで、黒ボク土も文字通り黒色をした土なのだが、チェルノーゼムと違って実際のところ肥沃ではない。なぜならば、黒ボク土は酸性である上に、活性アルミニウムが多量に含まれている。酸性の状態下では、アルミニウムは溶けやすくなり反応しやすくなる。こうした状態を「活性化する」という。黒ボク土に多く含まれている活性アルミニウムと粘土が結合したアロフェンやイモゴライトは、リン酸との結合力がきわめて強くて、ひとたび結合してしまうとリン酸を容易に解放しないことは序章ですでに述べた。全ての土壌は一般に、リン酸と強く結合してしまうが、黒ボク土の場合は、他の土壌に比べても、特にリン酸と結合する度合いが強い。作物が根から吸収できるリン酸は、ほんの数％にすぎないといわれ、残りの多くが黒ボク土に吸着されてしまう。また、活性アルミニウムによって、根の生長が妨げられ、水や養分の吸収がしにくくなる。

ところで不良土の黒ボク土でも、生育できる植物がある。それはススキやササで、長い年月の間に繁茂して多くの腐植を黒ボク土に供給してきた。この有機物の腐植も活性アルミニウムと結合して安定化し、微生物による分解から免れるため、年々、腐植を多量に集積していて、黒々とした土になっている。一般の作物は、黒ボク土からリン酸を取り出す能力がないといわれているが、ソバだけは、良く育つ。それはソバが枯れた時に、根から有機酸のシュウ酸を放出するためで、黒ボク土に吸着されているアルミニウムや鉄を溶かしだし、後作（あとさく）の時にリン酸が吸収可能な形になって残っている。その上、有機酸には有害なアルミニウムイオンを解毒する作用もあるという。北海道や東北や中央高地の黒ボク土地帯では、蕎麦（そば）が特産品になっていることが良く知られているのは、そのためだ。

第二次世界大戦時に耕地のない次・三男対策や、食糧不足逼迫の解決策として、中国で活路をみいだすべく東北地区（旧満州）や内モンゴル（蒙古）に「満蒙（まんもう）開拓団」として多くの農民が日本から送り出された。敗戦後、開拓民が引き上げて帰国した人々は、食糧難に対処するための国策の「緊急開拓事業」に携わった。このいわゆる戦後開拓地の多くは、ススキやササの原野のまま戦後まで放置されていた黒ボク土地帯が主な対象地となった。多くは灌漑水を引くのが難しい高原や台地・丘陵地だったので水田を拓くことができず、畑作による開墾を進めていかざるを得なかった。粘土や腐植へのリン酸イオンの吸着やアルミニウムイオンによる酸性害と、中和剤の石灰やリン酸不足によって農作物の生育不良が相次ぎ、開拓は困難を極めた。リン酸肥料も石灰も手に入らなかった時代に、リン酸が欠乏した酸性の土壌で畑作物を栽培するのは、並大抵のことではなかったであろう。しかし、石灰とリン酸肥料を施用し続けるとともに、ヨーロッパのように有畜農業を取り入れて、厩肥を用いるなどした努力が実って、これを克服していった。その間の事情は北﨑幸之助の『戦後開拓地と加藤完治―持続可能な農業の源流』（二〇〇九）に詳しく記されている。

ところで最近、地質学者の山野井徹が、「黒ボク土は火山灰土である」とする従来の土壌学者の説に一石を投じた『日本の土―地質学が明かす黒土と縄文文化』（二〇一五）という本を書いている。山野井の見解は、黒ボク土は縄文時代に行われた野焼きや山焼きの結果、ススキやササなどの燃焼によってできた微粒炭（びりゅうたん）が、風に飛ばされ堆積して形成された風成層であり、火山灰を母材とする火山灰土ではないとするものである。山野井説には土壌学者からの反論もあるようで、今のところ広く認められているわけではないようだが、日本の表土の約二割を占める黒ボク土が、新しい目で見直されるかもしれない。

しかし、不良土という烙印を押されてしまった黒ボク土の畑も、一九六〇年から一九六五年にかけて、石灰施用による土壌の酸性度の矯正と、リン酸供給力を一気に高める「熔（よう）リン」の多量施用技術が開発された。熔リンというのは「熔成リン肥」の略称であり、リン鉱石やマグネシウムやニッケルを含んだ蛇紋岩（じゃもんがん）などを原料としているので、苦土（酸化マグネシウム）、石灰などを含んでいる。熔リンは土壌と結合しにくいので、リン酸が流亡して無駄になることがない。リン酸肥料を少し施用するだけでは、作物に届く前に粘土にリン酸を奪われてしまう。この問題を解決するために、粘土の吸着力を上回る多量のリン酸肥料を撒かなければならない。放っておけば土が酸性になる日本の畑では苦土石灰などの石灰肥料の使用を怠れば、酸性に弱い作物は育つことができなくなってしまう。石灰肥料と熔リンの多量施用によって、黒ボク土の生産力は飛躍的に高まった。その結果、柔らかで、保水性・排水性が良いというこの土がもつ本来の長所も活かされ、優れた畑土壌として黒ボク土が再評価されるようになった。

リンの用途で最大なのは、もちろん肥料であるが、そのほかにも農薬や殺虫剤、金属の表面加工や洗浄剤、工業用触媒、食品添加物、洗剤や歯磨きなどさまざまなものに使われている。しかし、日本にはリン鉱石の鉱脈はなく、全て輸入に頼ってきた。しかもリン鉱石は偏在するので、現在、レアメタル並みになっているリンの供給が、不安定化する時代が遠からずやってくるといわれている。しかし世界の農地土壌に固定されているリンの蓄積量は、この先一世紀の間ぐらい、農業生産を支えるのに十分だともいわれている。日本の黒ボク土にもたくさんのリン酸が吸着され眠っている。中村好男の『ミミズと土と有機農業』（一九九八）によると、そのリンを土中のミミズは、根が利用できる状態の可給態に変換する能力をもっていることがわかり、ミミズを使ったリンの回収方法の研究が進んでいるという。そのほか、後述する微生物のAM菌を使ったりして土からリンを回収する生物的方法などを見つけ出すことができれば、資源の乏しい日本の未来のために、大きな意味をもつのではないだろうか。

新田開発が進められ、武蔵野で居住できるようになると、水が得にくい乏水地であるだけでなく、不良土の黒ボク土とともに、風の激しさにも人々は悩まされ続けた。表土の黒ボク土は、冬には霜柱が立ち、雨が降ればぬかるみとなり、乾くと土埃（つちぼこり）が舞い上がるようなとても軽い土である。特に、冬の北北西からの風速10ｍを超える、強い季節風には閉口させられた。日本海側で雪を降らせて乾ききったシベリア気団から、脊梁山脈である三国山脈を越え、赤城颪や日光颪となって冷たい「空っ風」が関東平野に吹きおろしてくる。この空っ風は当然武蔵野にも襲い、武蔵野の農民がずいぶんと苦労した様子が、江戸時代末期に古川古松軒が著した毛筆の和綴じ本の地誌書『四神地名録』（一七九四、寛政六年）の四之巻多摩郡の項に、次のように書かれている。

　草刈りなとに行くにも杭をうち立てそれに篭を結ひ附置されは、風に吹飛され一里も二里も行事にて、至て風の強き時は其身も吹倒されて起きる事もならす、ころりころりと五丁も十丁も吹ころはされしよし。

　一八世紀末に書かれたこの文章は、農民の話として紹介されているのだが、現代語に直してみると「草刈りに出た時は杭を打って草篭を縛り付けておかないと、篭は４～８㎞も吹き飛ばされ、場合によっては人も立っているのも難しく、５００～１０００ｍも吹き飛ばされてしまう」というのだから、驚くべき強風が台地上を吹き荒れている。なお、『四神地名録』は、国立国会図書館のデジタルコレクションの中に収められているので、誰でも読むことができる。
　山根一郎の『地形と耕地の基礎知識』（一九八五）には、武蔵野と同じ黒ボク土からなる栃木県の農業試験場での風食の調査結果が載っており、古川古松軒が書いた強風のすさまじさが裏付けられている。それによると、裸地の畑からは、一二月〜四月までの空っ風の期間に10ａ当たり１３００kgもの土が吹き飛ばされるという。五年もすれば畑の最も肥えている表土は、すっかり飛ばされてしまう計算になる。麦畑ではその一五分の一、牧草地ではほとんど土の飛散はみられないという。第二次世界大戦後の高度経済成長期になると、麦の輸入自由化により、安価になってしまった冬小麦を栽培しても収入にならなくなってしまい、農家は冬季に作付しなくなり裸地になった畑地の風食による土壌侵食を増大させた。

開拓が始まってから三六〇年間、微生物の力を介して落ち葉堆肥によって団粒構造を発達させた土づくりを行ってきた三富地域では、大きな団粒が多く耕土が重くなるとともに、耕地防風垣や平地林を育成することによって、風食害への抵抗性を強めてきた。武蔵野が冬季から、初春にかけての強風帯に位置していることも、落ち葉堆肥農法が現在まで継続してきた要因の一つであると考えられる。

新たに台地の上に開発された新田で畑作農業を維持するには、短冊型地割の中に、落葉広葉樹を主体とした平地林を配置し育成して、落ち葉で堆肥を作り、毎年、多量の有機質肥料を畑地に投入し、作物を育てるとともに、土壌改良をして風食害を低減する落ち葉堆肥農法というシステムが考え出されたのだ。

台地・丘陵上の平地林

ヨーロッパにおいては、農村に限らず都市の中でも見ることができる平地林が、日本にはいたって少ない。日本では一般的に森林は、山地の土地利用である。特にこの傾向は開発の古い畿内の平野において強く、現在、畿内の平野で見られる平地林は、春日大社などの「鎮守の森」だけになってしまった。ところが日本最大の関東平野の台地や丘陵上の農村部には、3－4の図のように都市化が進んだ現在でも、畑とともにクヌギ・コナラ林やアカマツ林からなる平地林が相当多く残っている。多くは農民が保有しており、平均1ha前後という零細な保有規模の森林である。関東平野の台地や丘陵上は、標高が低く傾斜が緩やかではあるが、水が得にくく、水田稲作は難しかった。

関東平野の平地林の分布を示した3－4の図をよく見ると、水田稲作が卓越している荒川・多摩川・利根川などの流域の低地にはほとんど平地林が存在しない。平地林の分布は、平野総面積の約八割を占める相模原・武蔵野・大宮・下総・常陸・那須野原などの台地や丘陵上の畑作地帯と一致していることがわかる。先に述べたように、酸性で作物にとって有効な腐植が少ない黒ボク土に覆われている畑地で再生産を維持するためには、多量の有機質肥料を撒布することが必要であった。畑で栽培されていたのは大麦、小麦、粟、稗、陸稲、蕎麦などの穀類とともに、小豆、大豆などの豆類、サツマイモ（甘藷）、里芋などの芋類であった。これらは、いずれも堆厩肥の施用効果がきわめて大きい作物なので、もちろん、当時は化学肥料などが無

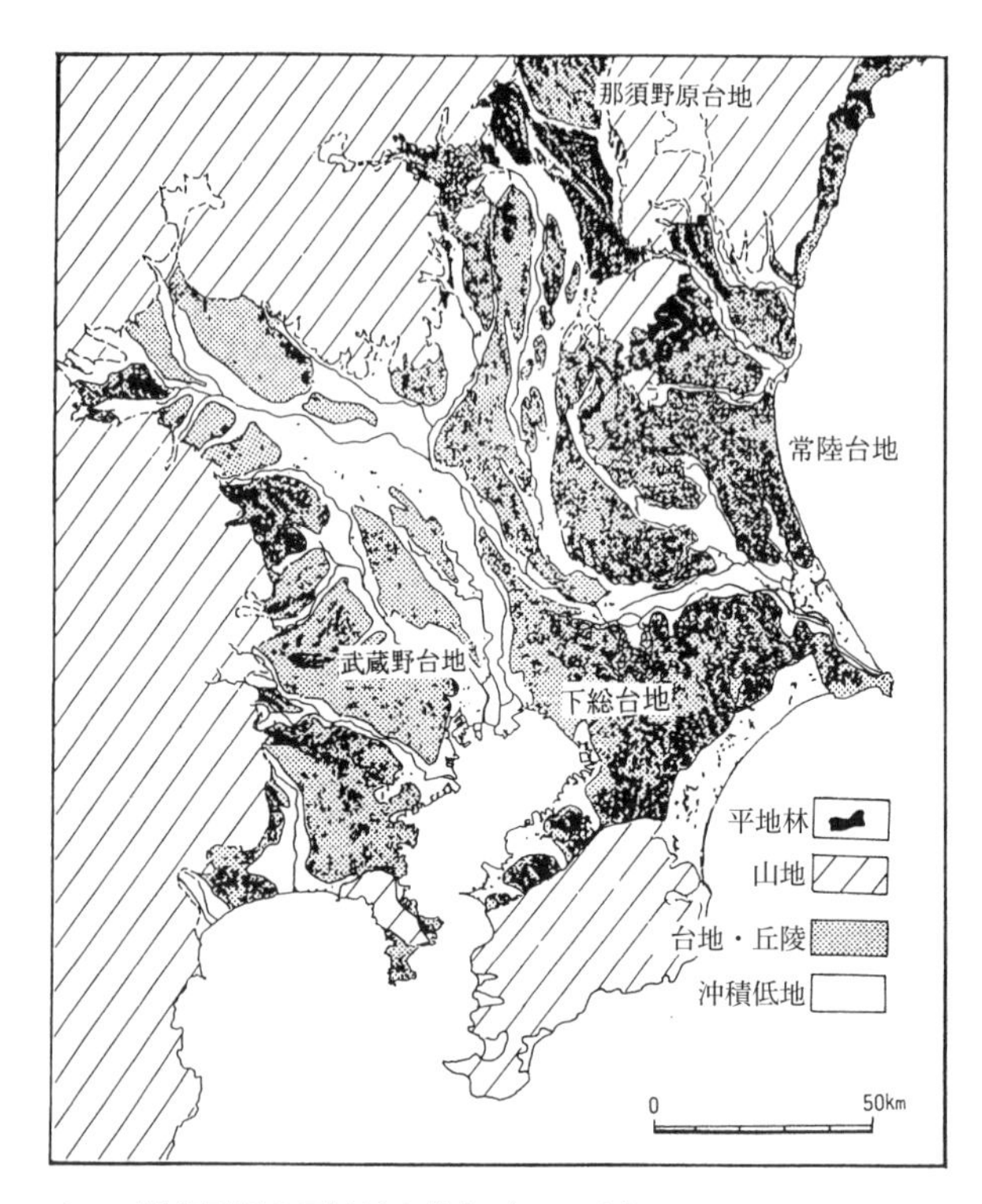

3-4　関東平野の平地林の分布（1982 年）

資料：20 万分の 1 国土地理院発行土地利用図「高田」「日光」「白川」「長野」「宇都宮」「水戸」「東京」「千葉」「大多喜」「横須賀」の各図幅（1982 年編集）　犬井（1992）による

かったので、台地上の畑作農業にとって、堆肥の材料となる落ち葉を生産する落葉広葉樹からなる平地林は、必要不可欠な生産手段であった。

ところで、日本全国の市町村の税務課や法務局にある土地台帳には、その土地が平地であっても、森林に覆われていれば地目名は全て「山林」と表記されている。日常的にも平地の森林でも山林と呼び、「平地林」と呼ぶ人はほとんどいない。ところが、一八八〇年代末の明治二〇年代に全国的に刊行された「府県統計書」や「府県勧業年報」などを見ると、民有の林野が山地と平地の森林、そして草山の三つに分けて載せてある。その頃は日本も産業革命を、ようやくむかえようとする時期だったので、政府もまだ薪炭材や堆肥材料などを供給していた平地林の重要性をよく知っていたからであろう。

しかしこうした統計上の取り扱いも一時的で、産業革命が本格化する数年後に、森林は全て山林の項目しかなくなってしまう。以後、現在の農林業センサスに至るまで、わが国の全ての森林に関する統計類から、平地林という項目は全く存在しなくなってしまった。平地林は全国的にみると少なかったのと、化学肥料をはじめとした金肥の導入や燃料革命によって、落ち葉堆肥や薪炭の重要性が次第に薄れてきたために、ついに市民権を得るまでに至らなかったからではないかと、私は考えている。

落葉広葉樹林の落ち葉生産

日本の落葉広葉樹は、ほとんど全部といってよいくらい、低温期の冬に葉を落とし、気温が下がってくると、根の働きが弱まって、水分を十分に吸収することができなくなる。そこで、水分をあまり蒸散させないように葉を落としてしまう。葉と枝との境には離層という特別な細胞の層がある。気温が低下すると、この離層の細胞がだんだん硬くなって、水や養分を通さなくなる。そして冬を越す準備がすっかりできると、ポロリ、ポロリと葉を落としていく。ただし、常緑樹も葉の入れ替えを行っているが、その時期が、新しい葉が開く時期と重なっているため、葉の入れ替えが目立たないだけである。また、落葉広葉樹は一〇〜一二月に、常緑広葉樹は四〜六月に、常緑針葉樹のアカマツは一〇〜一二月に落葉が集中する。

関東平野でみられる平地林の自然植生は、暖温帯林のヤブツバキ、シイ、カシ、クスなどで特徴づけられる常緑広葉樹林である。しかし、現在、目にする関東平野の平地林の大部分は、アカマツを混ぜつつも、クヌギやコナラなどを主体とした落葉広葉樹林であるから、本来の自然植生ではない。落葉広葉樹林を永続的に維持し利用するためには、森林を極相の常緑広葉樹林に遷移するのを妨がなければならない。そして下刈り、落ち葉掃き、萌芽（ほうが）更新といった人為的作業を毎年繰り返し、落ち葉堆肥を作り有機質肥料として畑に投入してきた。クヌギやコナラは萌芽力が強く、伐採された木の根株からは、やがて多くの孫生がでてくる。そのうち生長のよい何本かを残して、平地林の再生を図る方式が3－5の図に示した萌芽更新である。こう

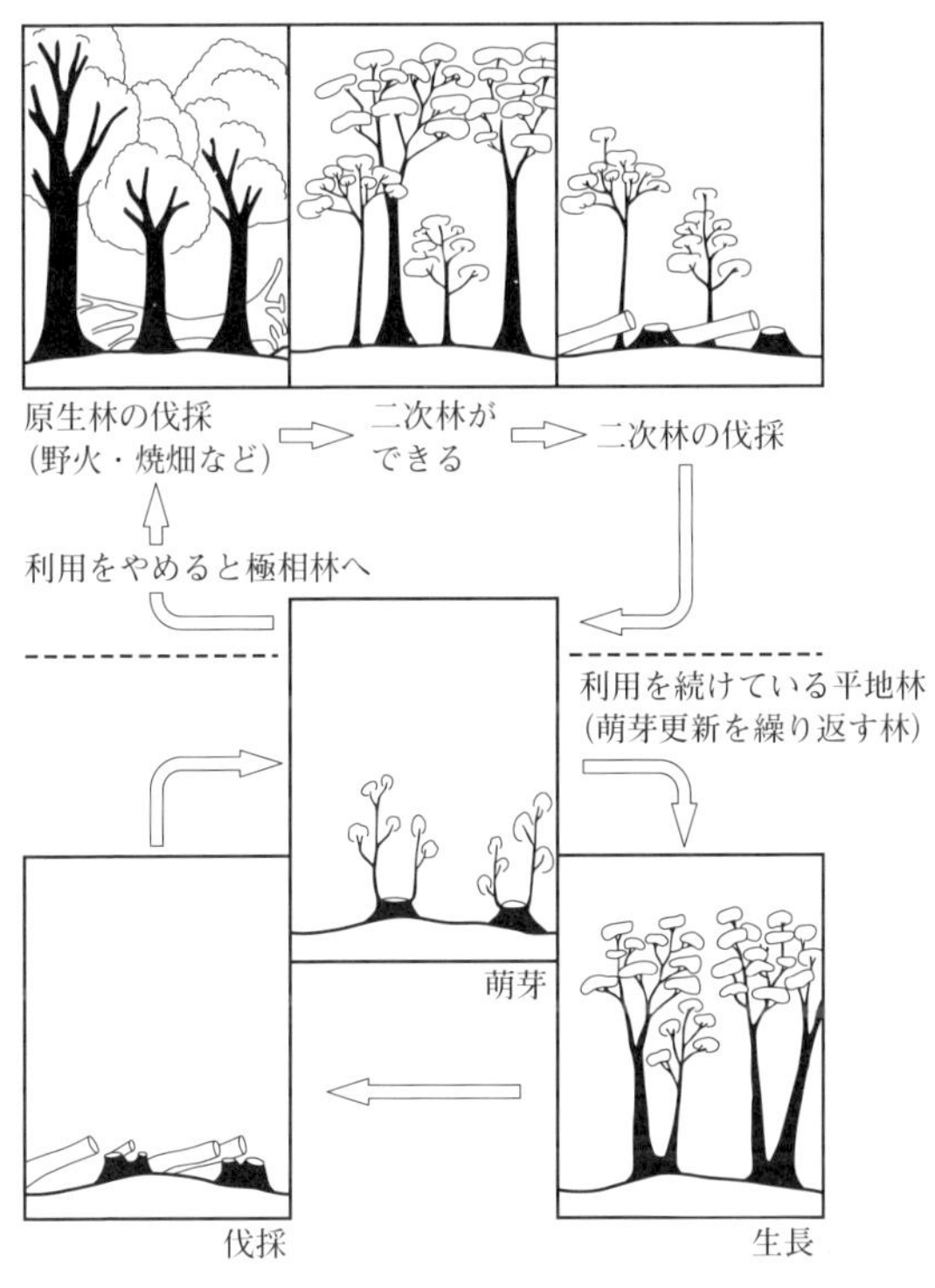

3-5　萌芽更新と平地林の遷移のしくみ　犬井（1996）による

3-5-1　林床のササや低木の刈り払い

3-5-2　萌芽更新のための伐木

した人為的作業の繰り返しによって自然植生を偏向遷移させて常に林分管理を行い、三富地域をはじめ関東の畑作地域の平地林が維持されてきたのである。

東北日本のブナ林や西南日本の照葉樹林といった極相林も、山火事や洪水、山崩れ、人間による伐採などによって破壊された後に、草原をはじめいくつかの段階の植生遷移を経て二次林が成立する。東北日本ではブナ・ミズナラ林を伐採すると、ブナ科のコナラやシラカバなどの落葉広葉樹林の二次林が成立する。西南日本では照葉樹林を伐採すると二つのタイプの二次林が成立する。その一つは近畿以東の中部や関東地方に多いコナラやクヌギやクリを中心とする二次林である。もう一つは、近畿以西の二次林で、クヌギやアベマキやクリを中心とするもので、いずれも落葉広葉樹林である。第二次世界大戦後に化学肥料が広く普及するまで、こうした二次林が農業や農家生活に役立つ農用林として、列島の各地で利用されてきた。農民は二次林を管理・育成し、落ち葉や薪炭材の採取に利用してきた。特に台地や丘陵地で行われている畑作は、沖積低地で行われている水田稲作に比べると堆肥に依存する割合が高いので、水田地帯より畑作地帯に森林が多くみられるのはそのためである。

日本人が肉食を忌避するようになるのは、六世紀の奈良時代の仏教化に伴う殺生禁断からである。それまでの神祇信仰の「穢れ観」の拡がりと呼応することで、中世以降、本格的な肉食忌避へと移行する風習が広がった。そして一九世紀後半の明治維新になるまで、肉食は一般にはなかなか行きわたらなかった。そのため、長い間、魚と鳥を除く肉類を常食としなかった日本人は、食用として多くの家畜を飼養することはなく、農耕や運搬用に牛馬が飼養されることどまっていた。こうして西洋のように有畜農業が発達しなかった日本では、家畜の糞尿による厩肥も十分得られなかったので、水田稲作のように、灌漑水による地力維持機能が備わってない畑作では、化学肥料や金肥が普及していない時代には、緑肥や落ち葉で作る堆肥は、畑作農業の再生産にはとても便利で、唯一無二の「肥やし」になっていた。先に見たように新田村落の短冊型地割の中に、宅地や畑地と一緒に平地林を意識的にレイアウトしていたことをみても、当時の営農や農家生活にとって、この平地林がいかに重要であったかが理解できる。犬井正の『関東平野の平地林』（一九九二）によれば、関東平野に平地林の里山が多くみられる理由は、強風帯にあり、黒ボク土と関東ローム層に覆われた乏水性の台地や丘陵が多く存在するという自然条件と、開発の歴史が新しく、しかも畑作が中心であったために、その再生産資材を得ていたという社会・経済的条件に求められる。

ヤマ仕事の季節

一二月中旬「大根引き（収穫）」が終わって一息つくと、「明日からヤマにはいんべえや」という一家の主人のかけ声で「カヤ刈り」や、「落ち葉掃き」「薪採り」などのヤマ仕事が始まった。ヤマ仕事は旧正月（二月一日）の前まで毎日続いた。多くの農家がヤマ仕事に精を出していた一九五〇年代中頃までの武蔵野の農村では、このため正月は新暦の一月一日ではなく旧暦で迎えていた。このように、昔は人と農と平地林が一体化したサイクルで動いていた。ヤマ仕事は、まず、カヤ刈りから最初に始めた。カヤはススキやチガヤなどの俗称であり、漢字では萱とか茅を当てている。ススキは背丈が1～2mと高いので、屋根葺(ふき)材料として大切に使われていた。そのため他の下草と混ざらないように、ススキを先に刈って家に運び込んでおいた。屋根葺材料としては小麦稈や稲藁も使ったが、小麦稈は五、六年、稲藁は二、三年しかもたないのに対し、カヤで葺くと南面では三〇年、北面でも二〇年間はもつ。しかし、一九六〇年代中頃になると農家の新築や改築ブームとなり、屋根もじょうぶで長もちするトタンやスレート葺きに変わり、屋根葺材料のカヤを刈る農家もみられなくなった。カヤは、稲藁をもたない武蔵野の畑作農民にとって、なじみの深い素材であった。三富史蹟保存会編の一九二九年刊行の『三富開拓誌』には、「武蔵野の茅湯(かやゆ)」という逸話が出てくる。一七世紀末の新田開発当初には、乏水地である武蔵野は飲料水にも事欠き、農民は入浴などできず、刈り取ったチガヤを日陰で干して、これで体を拭(ぬぐ)って入浴に代えていたという。カヤ刈りが終わると、落ち葉をかき集めやすいように林の掃除と手入れをする。まず枯れ枝を落とし、立ち枯れた木を倒す。自分のヤマをもたない農家も「カリッコカキ」といって、他人のヤマに入って、長い竹の棒に草刈り鎌を縛りつけた道具で、枯れ枝を取った。枯れ枝に限って、他人のヤマから採取することは黙認されていた。樹木の密なところは、間引きのための間伐をする。間伐は「堅木(かたぎ)」と呼ばれるコナラ・クヌギをなるべく残すようにして、「雑(ぞう)」と呼ばれるハンノキ、ネムノキ、エゴノキなどを伐るよう

3-6　武蔵野の冬の風物詩といわれた落ち葉掃き

に心がけた。武蔵野では林床の低木類やカヤ以外の草本類を「バヤ」とか「ボサ」とか呼び、下刈り作業を「バヤ刈り」、「ボサ刈り」と呼んでいた。間伐した木や刈り取られたバヤは、家で焚くために束ねて持って帰った。自家用の燃料はこうしたバヤ類だけでなく、「物殻（ものがら）」といって麦稈、小豆殻、雑穀殻とか、養蚕が盛んな頃は蚕に葉を食べさせた後の桑の枝など、燃せるものなら何でも焚いていたのである。

落ち葉の採取作業は冬季の農閑期に行われる。関東地方では、この時期が乾燥期であるから、落ち葉採取がやりやすく「冬の風物詩」といわれてきた（口絵❹参照）。しかし、雪は大敵で、雪が降ってしまうと落ち葉が湿ってしまい、作業がとてもやりにくくなってしまう。関東地方でも旧正月の二月を過ぎると降雪が多くなるので、それまでに落ち葉掃きを終えなければならなかった。落ち葉を採取するには、まず落ち葉をかき集めやすいように林床の低木類や、草本類を刈り払う「バヤ刈り」と呼んでいる下刈りを行ってから始められる。熊手で落ち葉をかき集め、武蔵野では八本の竹ひごで編んだ「八本ばさみ」と呼ぶ大きな竹篭（たけかご）に詰め込む。

武蔵野では、落ち葉の採取作業を「クズ掃き」とか「ヤマ掃き」と呼んでいる。熊手で落ち葉をかき集め、「八本ばさみ」に詰め込む。いったい平地林からどれくらいの量の落ち葉が毎年採取できるのだろうか。驚いたことに、この疑問に答えるようなことを、きちんと調査していた論文が見つかった。一九四〇年刊行の「東京帝国大学農学部演習林報告」第28号に掲載されている三浦伊八郎・内藤三夫著「武蔵野における矮林の収穫及び下草・落葉採取に就て」という論文である。それによると樹種や林齢によっても多少異なるが、平均すると平地林10ａ（一反）から、乾燥重量で４５０kg（約一二〇貫）の落ち葉を採取することができたのだ。八本ばさみ一杯分の落ち葉の重量は、50〜60kgになる。採取した落ち葉の大部分は、堆肥の材料やサツマイモの苗床に用いられた。

高度経済成長期前まで、つまり化学肥料の使用が普及するまでは、10ａの陸稲、小麦、大麦、芋類などを作付けるのに１ｔ前後（二〇〇〜三〇〇貫）の堆肥・厩肥が必要であった。10ａの作付にはその倍前後、つまり20ａ余りの広さの平地林が必要になる。それに加えて、サツマイモの苗床用に多量の落ち葉が醸熱材として必要であった。10ａの畑に植え付けるサツマイモの苗を育てるには苗床が必要であるが、そこに踏み込む落ち葉の量は通常約１ｔという相当な量が必要である。サツマイモ作は「苗七分作」あるいは「苗半作」などといわれ、落ち葉が分解して出す醸熱を利用した温かな苗床で、健苗をいかに作るかが収量の多少を左右した。10ａの作付に必要な落ち葉を採取するためには、苗床用と堆肥用を合わせて40〜60ａ、おおざっぱにいって作付面積の五倍前後の平地林が必要だったということである。このように畑地は平地林とセットになってはじめて農地として機能した。

このように台地上の畑作農民にとって、落ち葉なしでは農業をやっていくことはできなかったので、ヤマをもたない農民も親戚や知人を頼って、何とかヤマを借りて落ち葉の採取ができるようにした。借料は現金による支払いは少なく、ヤマの管理をしたり、農繁期に手伝いにいったりといった、いわば労働地代による支払いの方が多かった。だから第二次世界大戦後の農地改革の際にも、地主から畑地だけでなく平地林も一緒に解放してもらった地域があった。

しかし、一九六〇年代から始まる高度経済成長期以降、金肥や化学肥料が普及して、落ち葉採取をし、堆肥を完成させるのには年単位の時間と重労働を要するため、他産業に農業労働力が流出するなどの状況下では、落ち葉堆肥農法を継続していくのは難しくなっていった地域が次第に増えていった。落ち葉採取が行われなくなった平地林の林床には、落ち葉が厚く堆積し、アズマネザサなどが繁茂して林床植物やクヌギやコナラなどの陽樹の種子の発芽ができなくなり、それまで平地林が保持してきた生物の多様性の維持も困難になっている場所も散見できる。

堆肥を求める土と作物

有効な腐植が少なく酸性で地力が低い黒ボク土に覆われた畑では、適当な割合の肥料成分や微量要素などを含んでいる堆肥はぴったりの肥やしであった。そのため、高度経済成長期前の武蔵野の畑作農村では、肥やしは落ち葉を主材料とした堆肥が、もっぱら使われていた。同時に有機物の分解を担う微生物などもたくさん含んでいるので肥料分を持続的に供給する効果があった。さらに堆肥を施用することは腐植のもとを供給することであるから、ミミズなどの土壌動物や微生物の活動を活発にするとともに、根の活動に不可欠の土壌の通気性を良くし、保水力を高め、土中の乾燥・過湿を緩和して土壌の団粒構造を発達させるので、冬季の強烈な「空っ風」による風食害も低減されてきた。

平地林から採取してきた落ち葉は、堆肥置き場に野積みにされた。かつては四月まで毎朝、風呂に使用した水や、雑排水をかける「ドブかけ」という作業をして、適当な間隔をおいて切り返し（攪拌）を数回行って熟成させる。寒くなると切り返しの時には、落ち葉堆肥からもうもうと蒸気が立ち上る。落ち葉が分解する時にでる醸熱によって70～80℃程度まで温度が上がるからだ。切り返しをすれば、乾燥した扱いやすい落ち葉堆肥ができるだけでなく、病源菌や寄生虫の卵、雑草の種子などを死滅させることもでき、安心して使える落ち葉堆肥になる。熟成した落ち葉堆肥は作物に応じて、肥やしとなるカリウムやリン酸分を含む草木灰や小糠を混ぜ合わせて作付前の畑に全面撒布した。

特産品のサツマイモ用の堆肥は、特に「サツマ肥（ごい）」と呼ばれ、畑の土壌を団粒化し地中のイモに酸素を多く供給できるように、粒子の粗い堆肥や松葉を多く含んだものを使った。サツマ

『土と肥やしと微生物』正誤表

下記の通り誤りがありました。

お詫びして訂正いたします。

22 ページ最終行

(誤)		(正)
青木淳	⇒	青木淳一

54023151

肥は苗挿しをする所にだけ堆肥を置き、全面撒布はしない。麦蒔きも点播（てんぱ）が一般的であったから、麦用の堆肥もサツマイモと同様に点播であった。クヌギ・コナラなどの広葉樹の落ち葉だけで作った堆肥よりは、アカマツの落ち葉が適度に混じった堆肥の方がよいという。難分解性のリグニンの含有量が多いアカマツの葉は、広葉樹の落ち葉より分解の速度が遅く、ゆっくりと酸化が進みやがて微生物の働きにより、腐植へと変わっていく。したがって、アカマツの落ち葉を適度に混ぜると、堆肥の熟成の度合をほどよく調節できたのだ。

落ち葉は豚、馬、牛などの家畜の敷料にも用いられた。畑作地帯での家畜の敷料には通常麦稈が用いられたが、落ち葉が豊富な冬・春季には代わりに敷き込まれた。敷き込まれた落ち葉は一〇日くらいしたら、かき出して堆肥と混ぜられる。

アカマツの葉を中心に、落ち葉の一部は竈（かまど）や囲炉裏の焚きつけ用にも使われた。燃えた後に残った木灰は自給肥料として大切に蓄えておいて、堆肥と一緒に畑地に撒布された。すなわち、カリウムやリンなどの無機質養分の補給に役立ったのである。暖を取ったり炊事をしたり、家族団らんの場としていつも農家の中心的な存在であった囲炉裏も、実はこうした無機質肥料の生産の場でもあった。また、ワラビなどを食べる時のあくぬきにも草木灰は欠かせなかった。武蔵野の古い農家の中には、今でも「灰小屋」と呼ばれる灰の貯蔵所が残っている家もみられる。農地・農村周辺の森林すなわち里山が、農地への肥料供給源となっていたのは、落ち葉や下草ばかりではなかった。三富地域では草木灰という無機質肥料を大量に得る場としては、耕地生態系の中に仕立てられた平地林に求める以外にはなかったのである。

どこの農家でもケヤキ（欅）などの屋敷森と、生け垣に囲まれて家が建てられている。農家の庭は、農産物の脱穀、穀物の干し場など、農作業場の広場として使われていた。冬、そのままにしておくと霜柱が立ち、この庭も昼間ぐちゃぐちゃにぬかるんでしまう。麦の棒打ちをはじめ農家の庭は農作業をする場にもなるので、ぬかるまないように大切にした。ここに落ち葉を敷き詰めておくと、霜柱が立たないだけでなく、落ち葉の上を歩くとガサッゴソッと音がして、夜間の防犯上も都合が良かったという。庭に敷き詰めた落ち葉も無駄にすることなく、春の彼岸頃には再びかき集められ、堆肥置き場に積み込まれて堆肥となった。

萌芽更新と農用林

落ち葉の採取が終わると、伐り時になった林を伐る作業にとりかかる。クヌギやコナラは二五年以上も経つと樹勢が弱くなってくるので、農民は定期的に林を伐って更新させながら薪を採取していた。木を切ると切り株から新しい萌芽枝をだして、そのまま生長していく樹種がある。数年後に伸びて込み合ってきた孫生の中から曲がったものや生育の悪いものを切って、数を二、三本に減らす「もやかき」という作業を行う。新しく植林する必要がない上に、元の木の根は大きく張ったままなので、この芽は育つのが早い。これを利用した林の再生は萌芽更

3-7　萌芽更新された林（左）と「もやかき」（右）　【口絵❺参照】

新と呼ばれ、萌芽力の強いクヌギやコナラは、簡単に林の更新ができた。しかし萌芽更新をさせるためには、いつ伐木してもよいわけではない。伐ってよい時期は、樹木の生長休止期に入る一一月から翌年の二月下旬までで、三月に入ってから伐ると樹木の萌芽力が低下するので、必ずそれまでに終えなければならない。

伐木する時期は林地の地形や土壌などによって多少異なるが、おおよそ一五～二〇年周期が一般的であった。しかし中には土壌の条件が良くて、わずか七年ぐらいで伐れるほど生長の早いヤマもある。このような林は七五三の「帯解（おびとき）の祝い」になぞらえて「帯解ヤマ」と呼ばれていた。

萌芽更新によって再生した林はちょっと見ただけで、すぐにそれとわかる。つまり、根元からまっすぐ一本の幹で立っているものは少なく、根元で数本がくっつき合ったり、ときにはそれが輪生したりして株立ちしているからだ。また、萌芽更新をしていた頃は林内に巨木はなく、木の太さも高さも揃っていた。定期的に伐っていた頃の平地林なら、樹高も高くてもせいぜい10mぐらいであった。ただし、アカマツは萌芽力が弱くて「一代限り」なので、根元から樹冠まで一本の幹が通っている。アカマツを切る時にまっすぐ伸びた姿のよいものは、切らずに母樹として10a当たり一〇本前後残して、天然下種更新を行った。

前述したように萌芽更新を止めてしまえば、やがては自然の遷移により極相の常緑広葉樹林へと戻ってしまう。落葉広葉樹林を永続的に維持し、農用林としての利用を続けるためには、森林が極相の常緑広葉樹に遷移するのを何としても防がなければならない。すなわち、下刈り、落ち葉掃き、萌芽更新といった人為的作業によって植生の偏向遷移をさせて、三富新田の落葉広葉樹林の平地林が維持されてきたのである（3-5の図、3-5-1、3-5-2の写真参照）。

一九六〇年代中頃になると「燃料革命」が全国的に進行し、薪炭材の需要がなくなって農村にまで石油やプロパンガスなどが普及してくると、樹高が以前と比べるとずいぶん高くなった。人間社会だけでなく、平地林にも高齢化の波が押し寄せてきている。さまざまな動植物が生きていくためには、若い林も中年の林も年老いた林も、それぞれ適当な割合で存在する形が理想である。このまま平地林の樹木が利用されず萌芽更新もされない状況が続いていけば、やがて年老いた林ばかりになり、生物の多様性も保持できなくなってしまう。

農民が平地林を必要としたのは、落ち葉堆肥のためだけではない。平地林から燃料になる薪や粗朶（そだ）、家屋や納屋の補修材、屋根葺材料のカヤなどが入手できたし、食料用のカタクリ、ワ

3-8　平地林からの賜物

カヤ葺き屋根、軒下の薪、苗床、採取した落ち葉、こうした様子は1970年代中頃までみられた　**【口絵❸参照】**

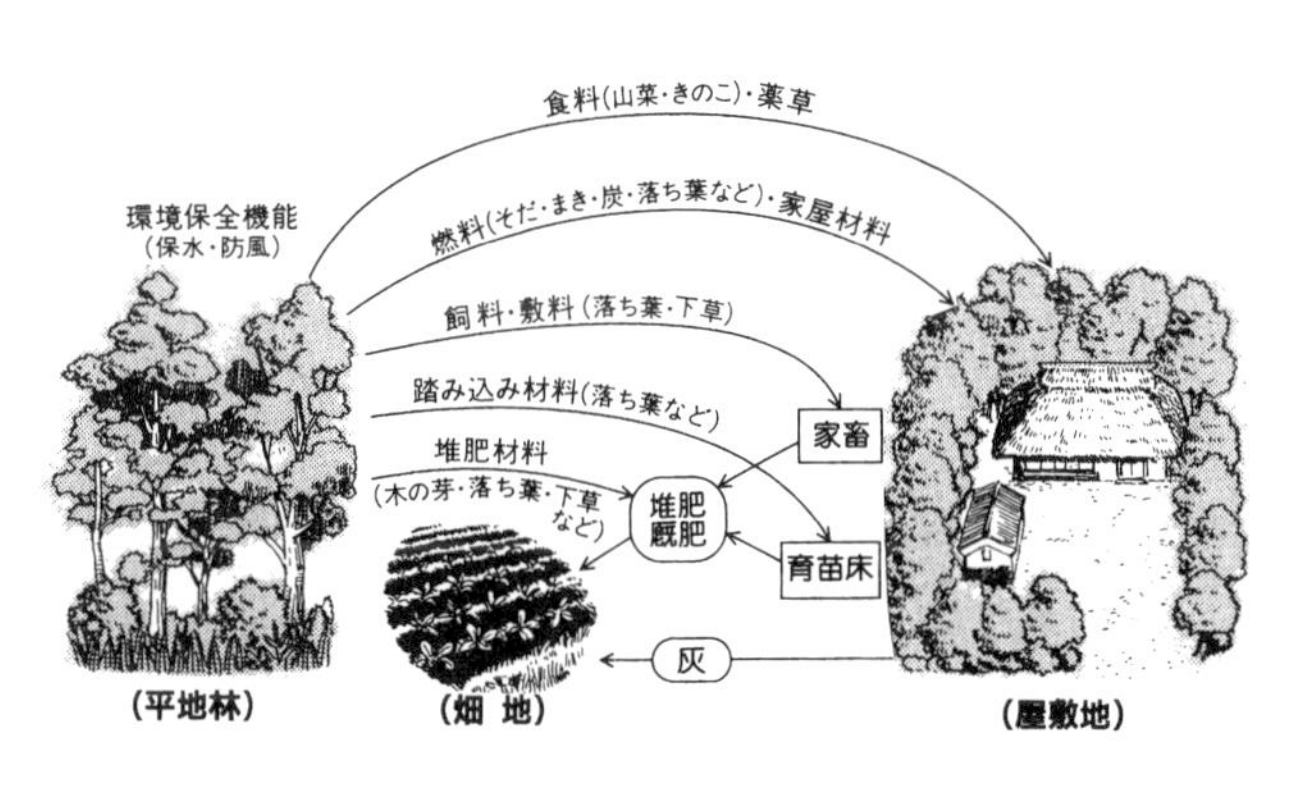

3-9　農用林（模式図）　　犬井（1996）による

ラビなどの山菜やキノコ、センブリやイカリソウなどの薬草なども採れた。また、燃料になる薪や粗朶なども得ていた。薪を採取するために一五～二〇年周期で平地林を伐採し、「萌芽更新」

によって容易に平地林を再生した。

そのほか、屋根葺材料のススキなどのカヤも入手でき、食料になるキノコや野草も採れた。つまり、平地林は農業の再生産や、農家の生活を維持するための林野で、農用林と呼ばれている。建築用材の生産を主目的としている育林地帯のスギやヒノキの常緑針葉樹の山林とは、樹種も役割も異なっている。関東平野の平地林は大部分がクヌギ・コナラ林や、アカマツ林を主体とした農用林である。また、短冊型地割の最後部に配された平地林は、隣家の林と連なり冬の空っ風から集落全体の畑地の土や屋敷を護るとともに、台地や丘陵に降った雨を直ちに流し去らないようにする保水機能も果たしていた。さらに、集落の周りには伐採されたばかりの林や、生育の段階の途中にある林などがモザイク状に存在していたので、さまざまな種の動植物たちが生息する事が可能なため、生物多様性が巧まずして保持されてきた。第二次世界大戦前までの関東平野の台地や丘陵上の畑作地帯では、分家を出す場合や小作地には、畑地と平地林を必ずセットにする慣行があった。戦後の農地改革の時ですら、平地林は農地解放の対象にはならなかったのに、地主から畑地と一緒に平地林の解放も勝ち取ったところが少なくない。こうした事実をみても、この地域の農民にとって平地林がいかに重要な生産手段であったのかを理解することができる。里山としての平地林の利用方法や利用形態は、まさに関東平野の台地に生きる畑作農民の知の体系である。現在、私たちが見ている三富地域の平地林の多くは、各戸で耕地生態系の中に里山を取り込んだもので、短冊型地割の最後部に配された平地林が連なったものであり、自然に形成されたものではない。

平地林、雑木林、里山

関東平野の約六割を占める洪積台地には、畑地と結びついた平地林がみられる。農民はこの平地林を「ヤマ」と呼び、けっして「雑木林(ぞうきばやし)」などとはいわない。徳冨蘆花(とくとみろか)の『自然と人生』の雑木林や、国木田独歩の『武蔵野』の落葉林(おちばりん)のように、自然主義文学者の文芸作品の中で、武蔵野の平地林のある美しい田園風景が生き生きと描写された。すなわち、武蔵野のクヌギ・コナラからなる平地林を、雑木林や落葉林として新たに風景価値を評価したのは、日本の産業革命期にあたる二〇世紀初頭の自然主義文学者であった。確かに雑木林に冠された「雑」の字は雑種、雑用、雑役、雑魚(ざこ)などと同様に、武蔵野の農民が平地林に対して抱いている農用林としての「重要・不可欠」という感覚とは程遠い感じを与えることは否めない。農民ではなくいわば傍観者として美しい平地林を見た文学者も、おそらく平地林が農民にとって農家生活や、農業生産に密接に結びついた農用林であるという理解にまでは達することなく、「雑木林」という語を用いてしまったのであろう。私自身、一年中、姿形を大きく変えず凛としてそびえ立ったスギやヒノキなどの針葉樹林よりも、春の新緑、夏の緑陰、秋の紅葉、冬の落葉と四季折々趣のある姿をみせてくれる落葉広葉樹林の方に親しみを感じるのは確かである。

平地林をヤマと呼ぶのは関東平野にかぎらず、全国的に共通している。ヤマというのは起伏量が大きく傾斜の急な山地の地形を意味しているのではなく、農用林を意味しているのだ。国土の四分の三が山地で占められていて、そのほとんどが森林という土地利用の国土で暮らす日本人にとって、森林がある場所はすなわちヤマなのである。同様にして考えると、「里山」の山も、山地ではなく農用林を指している。すなわち、里山というのは、本来は人里に近い農用林であった。

ところで国が里山について考えるようになったのは、一九九四年に環境基本計画を決めたときで、人口密度が低く森林率がそれほど高くない地域を「里地」と呼ぶとしている。そして、「農林水産活動などさまざまなかかわりをもってきた地域で、ふるさとの原型として想起されてきたという特性がある」と規定している。これをみれば里地は農用林にとどまらず、それと隣接し深い関係を持つ耕地や、水路や屋敷地も含めた農村環境を指しているということが理解できる。

地力を育む「ツクテ」の力

地力というのは一般に土地のもっている肥沃さ、保水性、通気性など作物を育成する総合的な能力を意味している。さらに、植物にとって土壌は、中性であることが好ましいが、先に述べたように日本の畑地の約四割は酸性土壌である。そこで、火田法（焼畑）によって焼き払った後の灰で中和してきたと序章で述べた。しかしこの方法では土壌を中性にすることはできても、窒素分が不足する。そこで、土地を耕して酸素を入れるのと同時に青草を土中にすき込んだりして、多量の有機質肥料すなわち窒素分を耕地に補給することが必要である。このように草木灰で土を中性化しながら、酸素と窒素分を補給して土壌の回復作用を絶えず図りながら、作物を植えた。これが日本の畑作の本来の農法であった。

地力の乏しい畑地で再生産を維持するためには、中世以前には、すでに草木灰施用、深耕、柴や青草をすき込む刈敷といった技術が確立していたが、鎌倉幕府が開かれてから関東地方の開発が進められ、麦を中心とする二毛作が普及した。すると、従来の草木灰と刈敷に加えて下肥や厩肥の施用が補助的に行われるようになってきた。江戸時代になると、草木灰と刈敷の利用が依然として中心であったが、下肥と厩肥、そして落ち葉堆肥の利用もかなり普及するようになった。その結果、平地林への依存度も高まり、入会地の開発に伴い各地でその利用をめぐる争いが多くなってきた。

農業利用を目的として稲藁などの収穫残渣や家畜糞尿などを堆積し、微生物の力で好気的に分解させたものを堆肥という。かつては、イネや麦の藁、落ち葉、野草などを堆積し分解させたものを、「堆肥」、家畜糞尿を主原料としたものを厩肥、農業以外の有機性廃棄物を堆積分解させたものをコンポスト（compost）、これら全てを総称する「有機物」と、区分することもあった。しかし現在は単独原料だけで堆肥化することは少なく、家畜糞にオガクズ、藁を混合するなど複数の原料で堆肥化することが多くなっている。

ところで外国人に落ち葉堆肥を説明する時、英語で何と表現すればよいのだろうか。落ち葉堆肥を英訳すれば、fallen leaves compost ではなくて、fallen leaves manure が適切ではないかと私は考えている。高橋英一は『肥料の来た道帰る道』（一九九一）の中で、英語の manure について以下のように説明している。

英語の manure はラテン語の manus=hand からの派生語の一つで、原義は「手で土を耕す」とか「土地を肥やす」という意味であった。ヨーロッパ中世における農作業はほとんどが手によるものであり、手で土をおこして家畜の糞などを手で撒いていたからである。しかし、一六世紀頃になると犂の普及によって「手で耕す」という意味はすたれて土を肥やすという意味だけが残り、さらに「肥料（fertilizer）」という意味になった。

武蔵野の三富地域では、落ち葉堆肥のことを「ツクテ」と呼んでいる。しかし、なぜそう呼ぶようになったのかは、何人もの古老に聞いてみたが誰にもわからなかった。ところが、ツクテに「作手」と漢字を当ててみると、英語の manure とまったく同じ語義の「手で作る」になるではないか。このことからも落ち葉堆肥は、fallen leaves manure とするのが適切ではないかと、私は得心している。

江戸時代後期には堆肥の材料として落ち葉の利用が一般的になり、平地林が草木灰と刈敷だけでなく、落ち葉堆肥の材料供給源として一層重要視されるようになった。化学肥料が普及する第二次世界大戦後の高度経済成長期以前には、一反歩（約10ａ）の陸稲、小麦、大麦、芋類などを作付けるのに二〇〇～三〇〇貫目（約１ｔ）の堆肥が必要であった。平地林一反歩当たり平均一二〇貫目（４５０kg）の落ち葉が採取できるので、一反歩の作付面積にはその倍前後、つまり二反歩余りの広さの平地林が必要だった計算になる。

前に述べたように武蔵野台地を覆っている関東ロームは、軽くてしかも活性アルミニウムに富み、リン酸分が欠た酸性土壌の黒ボク土に覆われていて地力が低い。さらに、武蔵野台地の農村では新田開発期以来、麦類・陸稲・サツマイモなどの作物を中心とした畑作を生産の軸としてきた。そのため、灌漑水から肥料分の補充を受けられる水田稲作に比して、毎年、耕地に多量の有機物を施さなければならない。したがって、農業の再生産を維持するためには平地林から落ち葉を採取して堆肥を作り、地力維持を図ることが不可欠であった。

特に江戸時代後期の一九世紀に焼き芋用の商品作物になったサツマイモは、堆肥の施用効果が他作物に比べてきわめて高いため、肥料の大部分を落ち葉堆肥に依存してきた。落ち葉堆肥は、適当な割合の肥料成分に加えて微量要素も含んでいるため、サツマイモに吸収されやすく、いも（塊根）の肥大と茎葉の生育とに対して均衡のとれた効果を示す。同時に、土壌の通気性を良くし、保水力を増大し、乾燥・過湿条件を改善し、根群の発達を良くし、さらに微生物により肥料分の分解を早めてサツマイモの生育を促進し、収量を高めてきた。

上富新田の位置する上富二区では、通常1haのサツマイモの作付には、1350〜2250kgの堆肥が必要とされた。その分量の落ち葉を得るには、30〜50aの平地林を要することになる。「クズ掃き」と呼ばれる平地林からの落ち葉採取は、農家の重要な農作業である。採取した落ち葉は、「ツクテッパ」と呼んでいる堆肥置き場に野積みにされ、かつては風呂に使用した水や、雑排水をかけて分解させた。途中、切り返しを二回ほど行い熟成させる。熟成した堆肥は切りくずし、現在では作物の性質に応じて、購入肥料の小糠・藁灰・〆粕・化学肥料などを混ぜ合わせて、畑に撒布している。広いヤマを持っている農家の中には一万貫（37・5t）もの堆肥を作る農家も少なくなかった。こうした農家では3-10の写真のようにツクテッパ（堆肥置き場）が二つ並んで設けられ、「ツゴシ」といって前の年から作っている熟成した堆肥と、今年の新しい堆肥がうず高く積まれているのを、今も目にすることができる。もちろん落ち葉の形状をまったくとどめない土のようになったツゴシのツクテから使っていく。このように良い落ち葉堆肥を作るには、手間も時間も驚くほど要するのである。

落ち葉の一部は、畜舎の敷料としても用いられた。一九一二年発行の『入間郡町村勢要覧』によれば、三芳村内に馬一一頭、豚一三二頭が飼養されていた。敷藁には、通常麦稈や陸稲藁を用いたが、落ち葉が豊富な冬・春季はその代用として落ち葉が敷き込まれた。敷いた落ち葉は、かき出されて厩肥となった。カヤ葺屋根の補修や葺き替えの時に出たカヤも、切り刻んで堆肥置き場に積み込み、堆肥と一緒に混ぜて使った。

落ち葉は堆肥の材料としてだけでなく、救荒（きゅうこう）作物として一八世紀の江戸時代中頃に導入されたサツマイモの苗床醸熱材としても多量に必要であった。その点、サツマイモは他の作物より平地林の落ち葉に依存する度合が高い作物である。当初、救荒作物として導入されたサツマイモは、その後普通作物として定着し、江戸時代後期には「川越芋」の銘で三富地域特産の焼き芋用の商品作物となり、今日まで特産品として栽培が続けられ、現在でも生産・出荷が行われている。このように多量の落ち葉が必要である篤農技術に支えられながら商品作物としてのサツマイモ作が存続してきたことも、平地林を維持できた第一の理由であろう。

三富地域では、近年、サツマイモだけでなく、にんじん・だいこん・かぶ・こまつな・ほうれんそう

3-10　ツクテッパ（堆肥置き場）

今年の新しいツクテ（右）と２年目のツゴシのツクテ（左）が併存している

など集約的な野菜の栽培が盛んに行われている。これらの野菜は栽培期間が短いために、一年間に数回作付ができるので、せまい畑の農家でも高収益が得られる。こうした集約的な野菜栽培を行うには、有機質肥料が不可欠である。化学肥料を使うと、最初は確かに高収量が得られるが、有機質肥料の施用をやめて化学肥料を使い続けていると、作物に必要な微量要素が不足したり、反対に不必要な成分が土に溜まったり、耕土が次第に単粒化し硬くしまったりして根の張りが悪くなり、良い作物ができなくなる。化学肥料のみに依存して、同じ作物を同じ畑で連作していると、病虫害の発生や農民の言う「忌地（いやち）」といった連作障害が起こりやすくなり、作物の収量も次第に低減してしまう。

堆肥の原料には落ち葉や稲藁などさまざまなものがあるが、土中の微生物の活動にとって大切なものは炭素、空気、水の三つである。堆肥の材料中の窒素はアンモニア、尿素、タンパク質などいろいろな形で存在している。炭素の方も同様にデンプンや糖分や繊維素のような有機炭素の形で存在している。堆肥や厩肥の材料をみると分解しにくいのは炭素含有量を窒素含有量で除した炭素率（C／N比）が高く、分解が容易なものは炭素率が低く窒素分の割合が高い。クヌギやコナラによる落ち葉堆肥は、C／N比が30～50％と分解に適しているので、牛糞の15～20、豚糞の40～45、鶏糞の30～35、稲藁の50～60％に比べて、自然に分解できるC／N比といわれている。野積みにしておいても腐敗せず、堆肥化が可能である。そのため、施用後の土中で、容易に分解する性質の炭素の急激な分解が起こらないように、堆肥中のC／N比が堆肥

3-11　主な堆肥材料の成分組成　（%）

材　料	水分	N	P_2O_5	K_2O	CaO	MgO	SiO_2
水稲藁	14.3	0.63	0.11	0.85	0.26	0.19	5.49
陸稲藁	14.3	0.97	0.10	0.85	0.31	0.24	5.94
小麦稈	14.3	0.48	0.22	0.63	0.27	0.11	3.10
大麦稈	14.3	0.64	0.19	1.07	0.33	0.12	2.34
トウモロコシ稈	15.0	0.48	0.38	1.64	0.49	0.26	1.31
クヌギ葉	13.2	1.07	0.18	1.98	1.78	0.35	1.47
ササ	10.9	0.54	0.09	0.23	0.43	0.02	6.49

藤原（1986）による

品質の判断基準になっている。

また、主な堆肥材料の栄養分についての分析結果を藤原俊六郎が、『農業技術大系』（一九八六）所収の「自給有機質肥料」の項で、3－11の表のように明らかにしている。クヌギの葉は、他の植物性の材料に比べて貴重な窒素、リン、カリウムの供給源となっている。またカルシウムやマグネシウムといったミネラルも豊富に含んでいることがわかる。また落ち葉堆肥には糸状菌（カビ）や放線菌、バチルス菌など多くの微生物や菌類が付着している。放線菌は腐植物質という土を肥沃にする有機物を作りだす。その上、抗生物質を作りだし、植物病源菌を抑える働きをする「拮抗菌」の働きをする種類もある。バチルス菌は拮抗菌で、日本では枯草菌の名で古くから知られていて納豆菌もこの仲間であり、人間の役に立っている微生物である。糸状菌は腐生菌で落ち葉や根など土壌中の有機物を分解し、ミネラル分を植物に渡す働きをする。細菌や糸状菌は、菌糸や粘液を分泌し、土の団粒構造を生成するにあたっても重要な役割を果たしている。したがって、堆肥が作りだす大小の孔隙が多い土の団粒構造は、もちろん、微生物のすみかにもなっている。このように糸状菌は物質代謝のサイクルの大きな担い手である反面、多くの植物病源菌にもなる手ごわい細菌でもある。

腐食連鎖と土壌圏の多様性

土壌中の小動物や微生物の役割についてもう少し詳しく、みていくことにする。植物は太陽光をエネルギーとして空気中の二酸化炭素と、根から吸収した水と土の中の養分を利用して植物の生命を支えている。このように無機物を同化して有機物を生産する植物のことを独立栄養生物（生産者）という。さらに、自らは有機物を生産することができず、他で生産された有機物を餌として生活する人や動物などの従属栄養生物（消費者）へと受け継がれる。地面に生育している草本を草食動物が食べ、草食動物を肉食動物が食べ、さらに猛禽類のような高次の消費者へとつながって階層をつくっている。互いの餌を通して養分は循環しており、このような食物連鎖を生食(せいしょく)連鎖という。

それに対して、落ち葉や落枝などの有機物を起源とする、土壌生物―土壌微生物―細菌による食物連鎖を腐食(ふしょく)連鎖（デトリタス連鎖）という。命が尽きると植物や動物は枯死し、遺体となって再び土に戻っていく。もし、土がなかったら、そして土の中に小動物や微生物や細菌が生息していなかったら、地球上は生物の遺体と生命に有害な排泄物に覆い尽くされることになるであろう。

有機物はさまざまな微生物を介して、適度な水分で分解が始まると、はじめに炭水化物（糖）やアミノ酸、デンプンなどから分解が進む。タンパク質など細胞内部の物質が、糸状菌などの好気性の細菌によって分解され、その呼吸熱で発熱が起こる。次に植物細胞壁の成分であるペクチンの分解が始まる。その後、50～60℃以上になると糸状菌は生息しにくくなり、高温性で好気性の放線菌が増え、糸状菌が分解できなかったセルロース（繊維質）の分解が進む。このあと放線菌の食べる「エサ」がなくなると温度がゆっくり低下し、難分解性のリグニンの分解は、糸状菌の仲間の担子菌（キノコ類）によって始まる。土壌中の有機物はこうした微生物の働きで時間をかけて分解されていく。糸状菌の中には、根に寄生しているものもあり、植物の生育を促進するような例がある。よく知られているのはＡＭ菌といわれている糸状菌の仲間で、寄生した植物へのリン酸や無機物の吸収を助け、生長を促進するとともに、開花を早めたり、着花数を増したり、耐病性を高めたりする、というような効果ももっている。土壌生物には作物に有益な寄生センチュウや、病気をもたらす細菌や糸状菌もいる。有害生物の暴走を抑え、作物を健全に育てるには、土壌環境においても多様性の保持が必要である。好気性細菌から嫌気性細菌まで棲み分けられる多様な土壌環境を保持できるかどうかは、土壌に団粒構造が形成されているかどうかにかかっている。

落ち葉などの有機物はミミズ、ヤスデ、ワラジムシ、トビムシや昆虫の幼虫などによって細かく破砕され食べられ、糞として排泄される。これらの土壌生物の糞は、微生物の働きによって、最終的には二酸化炭素、水、アンモニア、硝酸塩などの無機物に変換される。土中の有機態の窒素は、微生物の働きにより、アンモニア態窒素に分解される。これを微生物による有機体窒素の無機化という。アンモニア態窒素から亜硝酸菌によって亜硝酸態窒素が生成されるが、これを硝化という。また、第1章で説明したが脱窒菌の脱窒作用により、硝酸態または亜硝酸窒素はガス状の窒素か窒素酸化物に還元される。さらに空気中の窒素ガスは、窒素を固定する好気性細菌のアゾトバクター、根粒菌などの細菌や藻類といった土壌微生物によって固定化されるなど土中の窒素は、微生物のさまざまな働きを通じて物質代謝をしている。リンは、自然界では一般にリン酸という形で存在していて、炭素や窒素に比べると土壌の吸着性が強い。その存在形態により土壌生物による利用性が異なる。水に溶けない難溶性のリン酸は、そのままでは植物は吸収することができない。土壌微生物たちによって可溶性のリン酸に変化して、はじめて植物に吸収される。微生物の中では細菌、放線菌、糸状菌は有機物の酸化力が高く、落ち葉堆肥にはこれらが多数存在するので、物質の循環に果たす役割は大きい。細菌と菌類は落ち葉を分解し、腐植へと変換している。これらの微生物は有機物を分解し二酸化炭素を放出し、植物に必須の無機養分を分泌しており、こうした土壌生物の活動により、肥沃な植物生育環境が保たれている。

前述のように落ち葉堆肥はバランスの取れた養分を与えるとともに、土の構造を水分や空気が保たれた団粒構造にし、作物の根の生長に適した土に改良して、病害の防除などに効力を発揮してきた。畑の土壌が団粒か、それとも硬くしまった単粒の土か、この違いは作物の生長、特に根の張りに大きく影響する。序章でも述べたように単粒構造の粘土質土壌は水分が多いとベタベタのぬかるみ状態になり、乾燥するとカチカチの塗り壁のようになってしまう。作物の生育には水も欠かすことができないが、多くあり過ぎると、逆に根が呼吸できずに根腐れを引き起こしてしまう。冬に種を蒔く冬小麦は、冬季の寒さで畑の土が霜柱で凍上し、根が切られてしまうので、これを防ぐために武蔵野では「麦踏み」が冬の欠かせない農作業であった。

土壌が団粒化すると、土壌中の大小の孔隙が多くなるので、水はけや通気性が良くなるとともに、団粒の微細な隙間に含まれる水によって水もちも良くなる。土壌粒子が有機物の力によって結合して小さな団粒がつくられ、この小さな団粒が腐植物質や微生物の出す多糖類などの代謝産物やラテン語で粘液という意味のムコと呼ばれるネバネバした粘質物に包まれている。この小さな団粒が集まり堆肥などの粗大有機物、カビの菌糸のような微生物体とも結合して、さらに大きな団粒が形成されていく。序章でも触れたように団粒構造をもった土壌は、水もち(保水性）と水はけ（通水性）といった一見相反する性質を両立させることができる優れものである。そして作りだされた団粒構造が、微生物のすみかになっていることも重要である。

落ち葉を持ち去られた平地林の栄養物循環

藤井佐織は『森林科学』65号（二〇一二）所収の「細根と土壌動物の相互作用」という論説の中で、これまでの林床土壌の栄養物循環の研究では、主に落ち葉ばかりが注目されてきたが、樹木の生根からの滲出液の役割や、細根（ほそね）と土壌動物の相互作用の視点が考慮されることが少なかったと述べており、二一世紀になってからの植物根と土壌微生物の相互作用に関する研究をレビューしている。細根というのは根系の先端部にある一般に直径2㎜以下の細い根のことである。これまで、平地林の供給する落ち葉や落枝だけが、土壌の栄養物循環の基盤になっていると思い込んでいて、地下の根系と土壌動物との相互作用にまで考えが至らなかった筆者にとっても、まさに目から鱗が落ちるような論説であった。毎年、多量の落ち葉が平地林から持ち去られているのに、なぜ、林床土壌の栄養分が低下して平地林が枯死したり、劣化したりするなどの影響が出てこないのか、この論文に出会うまで私自身、明確な答えを出すことができなかった。もちろん、三富地域では竹製の熊手で落ち葉を採取しているので、林床の落ち葉を一枚残らず完全に除去してしまうわけではない。また、熊手で捕捉できない落ち葉や枯れ枝は林床に残存するし、林床を覆っていた枯れた下草も根が土壌有機物として残る。また、個々の農家は、毎年、所有する全ての平地林から落ち葉採取をするのではなく、採取する場所をずらしながら行っており、採取しない場所も順繰りに残すなどの工夫をしている。そのため私は、平地林や林床土壌の栄養物循環には大した影響が出ないのではなかろうかと単純に考えていた。それどころか落ち葉掃きをすることは、序章でも述べたように雨にうたれた落ち葉からはカルシウムやカリウムなどの栄養分が抜け落ちてしまい、代わりに土中で放出された水素イオンによって林床土壌を酸性化してしまうが、むしろそれを防ぐ役割を果たしているのではないかと考えていた。

藤井の論説によると、最新の研究では枯死した細根に含まれる養分含量は、落ち葉に含まれるものと同程度あり、かつ細根の年間枯死量は、落ち葉量に匹敵するというのだから驚きである。また、生きている樹木の細根の周りでは、根からの滲出液などの有機物により細菌や菌の成長が活性化し、微生物の密度が高くなっているという。つまり、林床土壌の有機物の供給は、地上と地下の複数のルートから供給されている。葉から根に送られた炭素は、根の生長や呼吸に使われるとともに、細根を通じて、菌根菌の菌糸、土壌へと移動する。つまり根は水分や養分を土中からただストローのように吸い上げているだけでなく、光合成で獲得した炭素を直接地下に輸送する働きも担っている。そして炭素をエネルギー源とする微生物によって集められてきたリン酸や水分を供給する。そのため樹木は土中のリン酸養分を十分に吸収できるようになり生育が促進し、耐乾燥性も高くなるなどの恩恵を受けることができるという。藤井が指摘するように、地下の植物根の働きや土壌微生物との相互作用などを考え合わせれば、林床土壌への栄養分供給の一つの要素である落ち葉を除去したからといって、林床土壌の栄養物循環には、大きな影響を与えることは少ないどころか、むしろ林床土壌のさらなる酸性化を防いでいるというメリットもあると考えられる。これで長年抱えていた私の疑問もやっと晴れた。

さて、植物根と土壌微生物の相互作用の研究は、調べてみるとドイツのローレンツ・ヒルトナー（一八六二―一九二三）によって始められたことがわかった。植物の根と土壌との界面の数㎜の範囲のことを根圏と呼ぶのだが、一〇〇年以上も前に、ヒルトナーは深い洞察力で根圏とその土壌の基本的特徴を明らかにし、根圏微生物群集の動的な性質に言及している。ヒルトナー以降、根圏が微細な領域であるだけでなく、その中では植物の側から分泌される有機酸やそのほかの物質が土壌に働きかけ、逆に土壌生物が栄養を鉱物土壌と有機物から、植物が利用できる状態に変換して、植物の吸水にのせて根毛から吸い上げられるといった、きわめて複雑な植物―土壌間の相互作用が明らかになってきた。そして一九八〇年代以降になると、土壌生態学と微生物学の発展は、栄養循環を左右し、土壌肥沃度に影響を与える微生物と有機物の相互作用に対する理解を大きく進展させた。根圏を取り巻く科学の発展によって作物と土壌の世界観は今やダイナミックに変化していて、落ち葉堆肥のような有機物と多様な土壌動物・土壌微生物と植物の根の相互作用が解明されるにつれ、武蔵野の落ち葉堆肥農法も今や脚光を浴びるようになってきた。

植物は土の中に根を張って養分や水を吸収しているが、これらの作用を助ける微生物が土中には棲んでいる。植物への養分供給のほかに、根と共生して植物生長ホルモンの合成や病源菌の抑制などを行っている多様な微生物が、土の中にはたくさん生息している。土壌生物には作物に有益な寄生センチュウや病気をもたらす細菌や糸状菌もいる。作物の根に寄生（共生）して、空気中の窒素を固定する根粒菌や、土壌中の難溶性のリン酸を植物に供給する有益な「菌根菌」もいることは、すでに述べてきた。土の中に散らばっている多くの微生物の自然の働きに任せているのではなく、植物は根から滲出液をだして、特定な土壌微生物に働きかけをしていることがわかってきている。根圏土壌では、根圏土壌外よりも特定の微生物の密度が増えて、種の多様性は減少しているのだ。その原因は根から分泌されるさまざまな物質であり、「根圏効果」といわれている。その分泌物質には、糖、アミノ酸、有機酸、脂肪酸や二次代謝産物だけでなく序章で述べた植物ホルモンなどの「フィトケミカル」と呼ばれるシグナル物質や、脱落した根細胞なども含まれる。また土壌内の水分に溶解する物質のみでなく、根から生じる揮発性物質も知られている。作物が光合成によって合成した炭水化物の30～50％にも及ぶ相当な量が根から分泌され、その量と組成は、作物の品種、生育ステージ、光合成活性、土壌条件などのさまざまな要因により異なっているという。

アーバスキュラー菌根菌という糸状菌の仲間は、約四億年の太古から植物の根に共生して生きてきた。アーバスキュラー菌根菌（Arbuscular Mycorrhizal Fungi）は、その頭文字を取って一般的には「ＡＭ菌」と略称で呼ばれている。ＡＭ菌の仲間は三〇〇種ほどあると推定されており、その中の多くの種は樹枝状体と、袋のような形をした嚢状体をもつとともに、大きな胞子をつくるのが特徴で、土の中で胞子は発芽して菌糸を伸ばし、根の中に侵入する。吉田太郎は『土が変わるとお腹も変わる―土壌微生物と有機農業』（二〇二二）の中で、この菌糸の長さは200m以上に及び、根や根毛が占める領域をはるかに超えて何haにもわたって広がっていると指摘している。そして菌糸は細胞の中に樹の枝のような組織を作り、菌糸が十分に発達すると植物と土との仲立ちをしてリンやカリウムはもちろんのこと作物が必要とするさまざまなミネラル成分といった植物の養分吸収を助ける。すなわち、根は自由に動き回ることができないので、張っている根の近くにある養分しか吸収できない。その結果、植物は根の周りにある養分を吸収しつくしてしまう。このような時に、AM菌は植物の根が入れないような隙間に入り込んで、根の代わりに養分を集めて植物に橋渡しをする。植物が必要とするさまざまな養分の大半が微生物から菌根菌を介してフィードバックされている。特にリンの吸収には抜群の効果を発揮するので、有用土壌微生物として研究が進められている。

AM菌は必須栄養素であるリンや窒素を土壌から吸収して、共生相手である宿主植物に与えることで耕地や自然生態系での植物の生育を助けていることが知られている。特に、主要な農作物の中で、AM菌への依存度が高いとされているのは、とうもろこしや大豆、小豆で、それに次いでジャガイモ（馬鈴薯）、ニンジン、ネギ類、小麦などである。きゅうりやトマト、ナスなどの果菜類とも共生し、約八割の陸上植物と共生関係を結ぶことができることが明らかになっていて、「微生物肥料」として大きな期待が寄せられている。ところが、ＡＭ菌は共生した宿主植物から供給される炭素源に依存して生育する性質をもっているため、単独ではほとんど生育できず、次世代の胞子を形成することもできない。このため、ＡＭ菌を増殖させるためには、植物と共存培養する必要があり、手間とコストがかかるという問題がある。ＡＭ菌の農業利用は研究機関でも注目されており、有効活用に向けてさまざまな研究が続けられている。リン酸は作物への過剰障害が出にくく、これまでは価格も比較的安く利用しやすかったために、過剰に施用する傾向があった。そのため、有用土壌微生物であるＡＭ菌の数が、土壌中から減ってきているのではないかと懸念されている。しかし、リンは地球上に偏在している有限な資源であり、近い将来に枯渇することが心配されている。また、田畑に施用された過剰なリンが、近隣の河川や湖沼に流れ込むことで富栄養化を招き、周辺の環境に負荷を与えているという問題もある。リン酸の施肥量を削減し、それらの問題を軽減するためにも、ＡＭ菌の効果的な利用が期待されている。

三富地域の農民は、耕地生態系の中に組み込んだ平地林から落ち葉を採取して、有機質肥料の堆肥を作って施用し、土壌に腐植を供給し続け微生物の働きを介して生産を続けている。それは、決して惰性や習慣によって三六〇年間も続けているわけではない。「百年一日の如し」のように見える中に、これまでの科学では解明されなかった根圏の真理が含まれていることが明らかになってきたのだ。優れた農民であっても土を肥沃にするメカニズムについて、科学的、理論的に理解していない点があるかもしれないが、彼らは土に手で触れ、目で見て、においを嗅げばすぐ土の状態を立ちどころに判断できる。彼らが畑の土を手に取り、指先でこすり合わせ、自問自答する姿に、私は何度も畑で目にしている。もろいか、粉っぽいか、団粒状でまとまっているか、触るとバラバラに崩れてしまうのか、どんなにおいがするのかと。何よりも目で見ると、その色で、土にどれだけの腐植を含んでいるかがわかるという。土のにおいは、放線菌が作る物質によって、まさしく腐葉土のような特有なにおいがする。土のにおいを嗅ぐことで、腐敗臭やカビ臭さを感じれば、未熟な有機物が混じっている証拠であり、水はけが悪い土ではないかと彼らには瞬時に判断ができるのだ。

三六〇年間もの間続けられている武蔵野の落ち葉堆肥農法の最大の特徴は、「土づくり」である。土づくりといっても、これは単に作物栽培の受け皿をつくればよいというだけの話ではない。土壌構造を多様化し生物相を豊かにするとともに、耕地生態系の安定性を高める培地という意味である。良い土は腐植（土壌有機炭素）をふんだんに含みそれを餌とするミミズや微生物や細菌といった土壌生物の働きも活発になり、保水性や通気性などの物理的性質も良く、植物をしっかりと育てることができる。そのため、良い土で育てられた植物は、病気にかかりにくく、また害虫の被害も相対的に小さくなる。野菜などは化学肥料を多量に与えると、生育過剰になり、果実や葉などの利用部分が大きくはなるものの、大味になってしまう。量が増えるのは事実であるが、それに質が伴うとは限らない。むしろタンパク質、鉄、亜鉛といった栄養分が減って、大量の炭水化物が作物に詰め込まれるだけに終わってしまう。化学肥料に頼らなければ、そのような生育過剰は起きにくく、風味が増すとされる。つまり、その作物の本来の栄養や、風味のもととなる成分の割合が高くなるからである。それはまさに腐植と土壌生物のおかげなのである。しかし、いくら化学肥料に頼らない農業であっても高い収量をあげるために、堆肥や有機質肥料を多く施用して商品価値の高い作物だけを連作するようなことをすれば、植物体内の害虫忌避物質の生成が減少して害虫の食害を受けやすくなり、連作で土壌伝染性病や害虫が集積しやすくなり、多肥で軟弱になった植物体に病源菌が侵入しやすくなってしまうと、西尾道徳は『検証 有機農業』（二〇一九）の中で警鐘を鳴らしている。三富地域では経験的にこうしたことを知り尽くし、長年にわたって落ち葉堆肥農法を実践してきたのである。

サツマイモ苗のウイルス障害と基腐病

三富地域では、サツマイモ作は「苗半作」あるいは「苗七分作」などといわれ、今も、落ち葉を踏み込んだ苗床で手塩にかけて健苗をつくり、落ち葉堆肥でサツマイモを育てている農家が多い。しかし、落ち葉を踏み込んだ苗床を利用して育成されたサツマイモの苗は、栄養繁殖作物の長期間の連作によって発生するウイルス障害が、二〇〇〇年前後から三富地域でも、少しずつ発生しだした。種イモによる栄養繁殖は、遺伝的には同じ個体、つまりクローンを増やすことである。土壌中の病源菌がいったん牙をむけば、全滅のリスクをまねく可能性がある。そのために、バイオテクノロジーによるウイルス・フリーの培養苗を、種苗業者などから購入せざるを得なくなった農家も増えてきた。平地林の減少や人手不足、化学肥料の普及などにより、これまでに比べると落ち葉の採取量や投入量が減少して、良い土づくりが難しくなってきている。また、三富地域ではサツマイモ作は、経営規模の大きな農家がサツマイモの作付を最大にして、にんじん、だいこん、さといもなどの少数の根菜類を組み合わせて栽培している。したがって、サツマイモを作付する圃場を、ほぼ固定せざるを得なくなっている。3−12の写真のようにサツマイモの単一耕作（モノカルチャー）に近い形なので、輪作するのも難しい。

こうしたモノカルチャーは自然界には存在しない。そして、自然はいつもバランスを回復させようとしている。人間が裸地を作れば雑草の大群を送り込むことで地表をカバーするし、モノカルチャーを行えば病源菌を送り込んでその作物を枯らせることで、それ以外の生物種がその穴を埋めて繁栄できるようにする。モノカルチャー的にならざるを得なくなったことや、落ち葉堆肥の施用量の減少をまねくなどの結果、特産品であるサツマイモの苗のウイルス障害が発生してきた可能性が考えられる。土の中の腐植の量など、目に見えないような最もゆっくりとした変化こそ、農家にとって時として感じ取るのが、とても難しいことなのかもしれない。

他方、二〇一八年秋頃からは、沖縄県、鹿児島県および宮崎県のアルコール原料用のサツマイモの大規模な単一栽培地域において、株が立枯れ、イモが腐敗する「基腐病（もとぐされ）」が多発して

3-12　三富新田地区の経営規模の大きな農家は特産品のサツマイモ栽培の面積を最大化している

いる。収量の減少によって生産者の収益減少や、イモ焼酎の加工業者への原料供給不足などが深刻な問題となった。サツマイモ基腐病は約百年前にアメリカで発見されたもので、この菌は、当時アメリカ大陸やアフリカ、ニュージーランドなどで、サツマイモ栽培に大きな被害をもたらした。その後、アジア圏にも広がり、日本では二〇一八年に沖縄で初めて発生が確認された。二〇二一年には関東北部でも感染報告が相次いでいる。生食用のサツマイモが特産品の三富地域では、幸いなことに今のところ基腐病の発生報告がまだない。しかし、土の中にいる糸状菌によって引き起こされる病気なので、一つでも苗が感染すると、放っておけば土壌を介して、他の農家の苗にも次々と伝染してしまい地域全体に伝染し、収穫量は減少し続け、やがては全滅することになる。そうならないように実際に畑の土を燻蒸して、菌の量を減らす取り組みを進めている地域もある。一見すると、こうした方法が良いようにみえるが、基腐病の原因となる糸状菌だけではなく、植物にとって有用な他の多くの菌も皆殺しにしてしまう。一時的には健康な土壌に戻ったとしても、時間が経てばまた新しい病原菌が入ってくる恐れがある。その時に防御してくれる良い菌が土中にいないと、また同じことの繰り返しになってしまう。その最も基礎にあるのが、有機物が多く含まれている土壌の豊かさが保持されていることと、その適切な管理を続けることである。つまり、多様な土壌動物や微生物が、病原菌を直接、間接的に摂食し、病源菌の増殖条件を低化させ、作物への感染と発病を阻止することが可能なためである。また、病源菌を食べる微生物の「エサ」（エネルギー源）としての菌が存在しない時は、多様な土壌生物が代わりの「エサ」になる。腐植（土壌有機炭素）に富んだ良い土壌があることで病気に強い健康な作物が育ち、その栄養が巡り巡って私たち人間にも届く。その良い土をつくるのは、多種多様な微生物や土壌動物たちの働きを支える腐植の存在のおかげであるということを、今一度、肝に銘じなければならない。この点にこそ、落ち葉堆肥農法を今後も続けていく大きな意義があるのではないだろうか。化学肥料や農薬や機械に依存しながら、商品作物の単一耕作をして短期的な生産性を追求するのではなく、有機物の落ち葉堆肥を供給した土づくりを継続し、規模は小さくても家族経営で持続することが大切である。本書のまえがきで「江戸時代を思わせるようなきつい労働を伴う落ち葉堆肥農法が今もなお三富の地で継承されているのは、きっとそれを上回る魅力があるからに違いない」と記したが、消費者に安全・安心で栄養価の高いおいしい農産物を提供できるという自負こそがその魅力であり、それが落ち葉堆肥農法を続けている三富地域の農家の大きな支えになっている。

本来、農業の持続可能性とは、地球上の物質の循環が無理なく行える状態を農業の中で持続させることをいうのではないだろうか。有機質肥料も土中の微生物が、動植物の死骸などの有機物を分子量が十分に小さな腐植に分解することで得られるものである。分解にはそれ相当の時間を要する。単位面積当たりの生産性をあげようとすると、なんとかこの時間を短縮せざるを得なくなる。化学肥料は化石燃料の石油を使うことによって、その時間を短縮しているにすぎない。しかし、化石燃料は有限であり、有限なものを使うわけだから、やがては枯渇してしまう。化学肥料や農薬だけに生産の向上を託すような考え方自体が、もう破綻しているのではないだろうか。それに目を向けようともせず、とにかく効率化や経済性ばかりを追求する農業のあり方とは、今こそ決別しなければならない。今や効率よりも質感を求め、等身大までに発展の速度を減速し、発展モデルは直線性から循環性へと置き換えられねばならない時代なのだ。

落ち葉堆肥農法による生物多様性の保持

三富地域の農家は毎年冬になると平地林に入り、下草を刈り、落ち葉を掃き集めて堆肥を作ってきた。下草刈りや落ち葉掃きによって低木や背丈の高い草本に覆われないようにしているため、特に早春の管理された明るい林床に姿を現す動植物種が多く残っているのが特徴的である。これまでの調査によって、カタクリやイカリソウなどが、外部の野草愛好家による盗掘にあって減少したり、みられなくなってしまったりしたものもあるが、林床管理されてきた平地林が、早春に現れる動植物にとって安定した生育環境を提供している。ウメガサソウ、クチナシグサ、ナンバンギセル、アマナ、キンラン、ギンラン、ササバギンラン、サイハイラン、シュンラン、エビネなどの希少なランの仲間をはじめとした植物が確認されている。いずれの植物も環境省や埼玉県のレッドリストの、絶滅危惧や準絶滅危惧にあたる貴重種である。

農用林と関係の深いチョウ類であるミヤマセセリや、シジミチョウ科のコツバメなどの早春に発生するチョウ類も確認され、飛翔空間となる明るい林床と、蜜源となる草花が開花する開けた林床環境が提供されているためである。また、ヒョウモンチョウの仲間はスミレ類を食草とし、スミレ類が生育している明るい林床や林縁で確認されている。アカシジミ、オオミドリシジミなどの「森の宝石」とも称されている「ゼフィルス（zephyrus）類」の仲間は、クヌギ、コナラの幼木の若芽を好む。そのほか、平地林の林縁では、オオオカメコオロギやエゾツユムシなどの希少なバッタ類も確認されている。そして、落ち葉堆肥を作り置くためのツクテッパには、カブトムシの幼虫やミミズや微生物など多くの土壌生物がいる。こうした昆虫類やミミズや草木の実などをもとめ、コゲラ、シジュウカラ、イカル、ホオジロなどの鳥類も多く、平地林の最高次消費者であり、環境省のレッドリストの準絶滅危惧である猛禽類のオオタカが、三富地域の平地林で高密度に繁殖している。哺乳類のノウサギ、ホンドタヌキなども確認されており、このように里山の草原や伐採地など、人の手が入った環境を利用する多様で、多くの陸上生物や土壌生物が生息している。そして、平地林内や林床にいる昆虫類や土壌生物、ドングリなどの木の実をもとめ、鳥類や哺乳類も集まってくる。そしてそれらの動物たちも糞を林床に落とし、土壌に栄養分を供給する一翼を担っている。その量は窒素分だけでも、年間約1億tになるといわれている。生物の多様性が高いと、たとえ環境変動が起こっても、それにすぐ対応できる予備の多様な生物群や種がいるので、平常時に重要な役割を果たしていた機能が低下したり、新しい機能が必要になったりした時に、その機能を予備の生物群や種に対応させるレジリエンシー（resiliency　回復力）が機能することになる。

東京近郊の平地林の減少

日本の夏はヨーロッパに比べると高温湿潤で病害虫や雑草が発生しやすいので、農薬や化学肥料をまったく用いない農業を行うのには、不利であるとの見方が支配的である。それでも三富地域では化学肥料や農薬の使用をごく控えめにし、落ち葉堆肥による土づくりを現在でも続け、首都圏の中でも高い農業生産をあげている農家が多くみられる。落ち葉堆肥を主体とした減農薬・減化学肥料の環境保全型農法といった付加価値のある農作物を消費者が購入して、落ち葉堆肥によるこの農業システムを守り育てていけば、とりもなおさず平地林を保全していくことにもつながっていく。農と食と環境は、緊密にリンクしている。

第二次世界大戦後の高度経済成長期におきた、「エネルギー革命」によって急速なエネルギー源の転換が起こった。そして、薪や炭はガスやプロパンガスや石油に代わり、できあがるまでに年単位の時間ときつい労働を要する落ち葉堆肥は、化学肥料をはじめとした速効性の金肥に代わり、手間ひまを要する落ち葉掃きをする農家も少なくなってきた。戦後の高度経済成長期になると、関東地方の畑作農村の中には、平地林が農用林として必要不可欠な存在ではなくなると、農家は屋敷の新築や改築、子供の進学や結婚などをはじめとした大きな出費をきっかけとして、次第に平地林を手放してきた。その結果、平地林は畑地に先駆けて、住宅地や工場用地などに転用されてしまい消失していった。平地林は一般に畑地に比較すると地価が安く、一筆当たりの土地区画の面積も広い。加えて転用の法的規制も弱いのと、農地を転用する時のように代替地も原則的に不要なために、一度に広大な面積の転用が可能となる。したがって、住宅団地や工業団地などの大規模用地に平地林は次々と転用されていった。上富新田のある三芳町でも、一九五九年に「三芳町工場誘致条例」が施行され、一九六九年に廃止されるまでの一〇年間に、農家の手放した上富地区の平地林に工場、企業や大学などのグラウンド、倉庫、建売住宅などが進出し、開発・転用が進められた。その結果、住宅や工場用地、資材置き場、廃棄物処理場などへと急激に転用が進んでいった。

特に、東京に近く鉄道や道路網の発達している武蔵野南部では、3－13の図のように高度経済成長期になると平地林が消失していった。それは一九六八年の都市計画法によるゾーニングによって「市街化区域」に指定され、宅地化が急速に進んだためであった。武蔵野北部にある三富地域では、ほとんどが都市化を抑制する「市街化調整区域」に指定された結果、この地域の新しい都市的開発は困難になった。しかし、現行の農地法では、たとえ平地林から農業生産に必要な落ち葉を採取していても、平地林は農用地ではないので、高地価の大都市近郊では、農地と比べると桁違いに高額な固定資産税や、相続税が課税されてしまう。特に平地林に課せられた相続税には、農地に認められている納税猶予などの適用も受けられない。したがって、

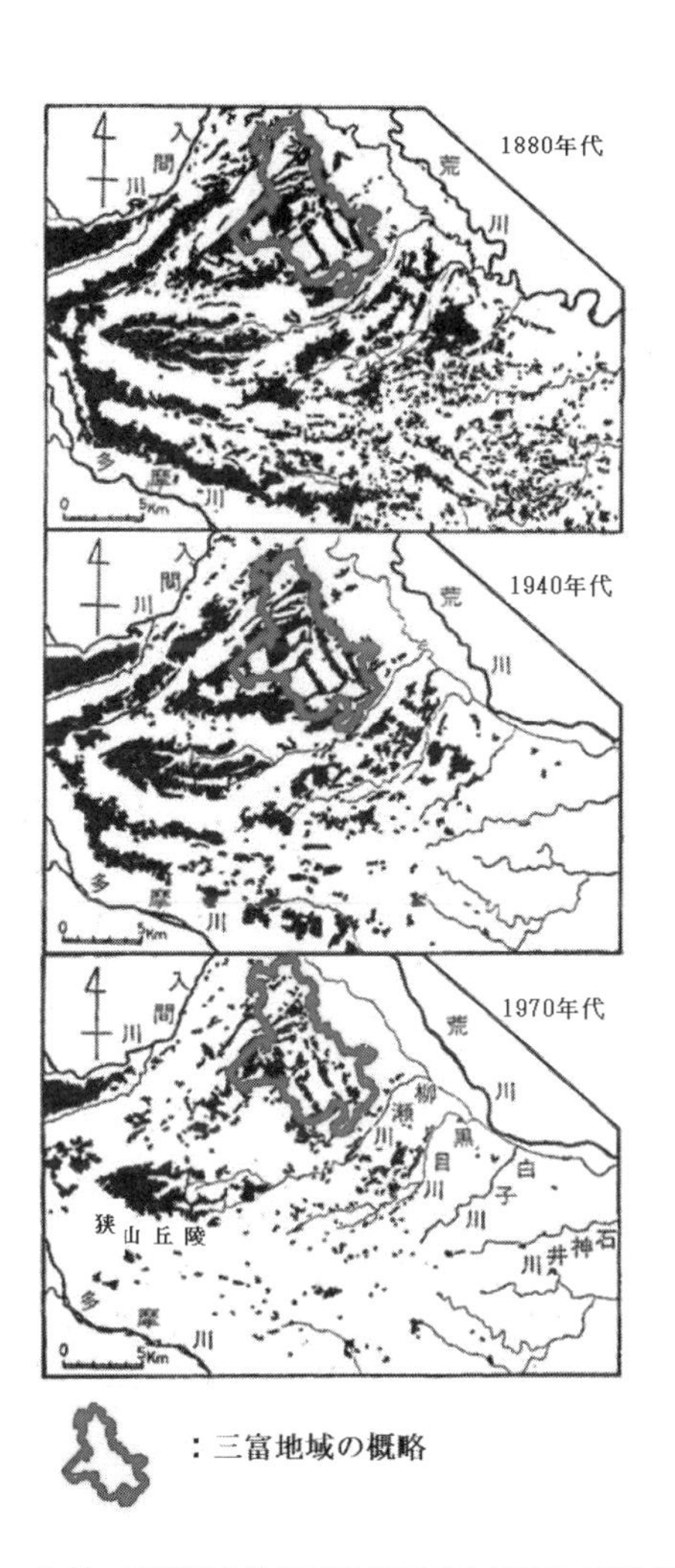

3-13　武蔵野台地の平地林の減少（1870-1970年）

犬井（1982）の図に加筆

農家に相続が発生すれば、高額な相続税が平地林に課税されるので、農家は平地林の売却を余儀なくされる。相続税対策で売却された平地林は、市街化調整区域内でも合法的に転用できる倉庫や土石置き場、廃棄物処理場などへと転用されていった。

開発により平地林は縮小したり孤立したりして、やがては消失していった。農家だけでなく一般の市民やＮＰＯや行政によって、生物の多様性が減少するなど環境悪化とともに落ち葉堆肥による安全で安心な農産物生産ができなくなってしまうことへの不安から、かつての里山としての平地林を取り戻す努力が続けられてきた。利用が低下してきた平地林や相続の対象になった平地林などは農民の手を離れ、都市から忌避（きひ）された廃棄物処理場や土石置き場、倉庫、霊園などに転用され、各所で寸断されてきた。各種廃棄物処理場が集中して「ダイオキシン汚染問題」で、全国的に有名になってしまった「くぬぎ山」も、三富地域の一角にある。二〇〇四年からは川越市、狭山市、所沢市、三芳町にまたがるくぬぎ山の１５０haにも及ぶ平地林が、自然再生事業法による「くぬぎ山地区自然再生事業」の対象となり、自然再生の努力が続けられ、さまざまなステークホルダーが協働して、自然再生への取り組みが現在も進められている。民有地で占められ自然再生の合意形成が難しいくぬぎ山とその周辺地域において、三芳町に立地した産業廃棄物処理会社であった石坂産業は、自然再生事業に呼応して新たな事業の展開を開始した企業の一つである。進出してきた当初、「迷惑施設」の一つとみられて周辺住民の進出反対運動にもさらされたが、廃棄物の資源再生事業とともに、里山再生事業、環境教育事業、有機農業事業を柱とする五感で学ぶ里山環境教育フィールド「三富今昔村」へと再生した。周辺農家からの借地も含めて17haに及ぶ敷地に年間約六万人の来場者を集め、里山の永続性や省資源や資源循環の仕組みの理解を促す二一世紀型の新しい里山システムが学べる注目すべき施設に生まれ変わっている。

二〇〇一年には林業基本法が改正され、「森林・林業基本法」が制定されるとともに、「森林法」の一部が改正された。それによると都市近郊の里山は、「森林と人との共生林」として整備する森林施業計画を策定すれば、相続発生時に評価額が四割減免されることになった。これによって、三富地域のような都市近郊の平地林に課せられる高額な相続税に対する、一定程度の負担軽減策になった。平地林利用が首都に近接するこの地域で、現在も存続しているのは、背後に存在する市街化調整区域指定をはじめ、新たな森林施業計画などによる外的条件も大きな役割を果たしているからである。さらに三富地域においては、埼玉県自然環境保全条例に基づく「自然環境保全地域」の指定や、ふるさと埼玉の緑を守り育てる条例「ふるさとの緑の景観地」の指定など自治体による平地林を守る条例や、優れた自然を共有の財産として公有地化する「さいたま緑のトラスト運動」などが展開されるようになった。また、平地林を持続的に維持していくために必要な萌芽更新を積極的に支援するため、平地林の所有者に対して、自治体が補助を行っている。そして近年では、これらの法制度や自治体の補助制度だけではなく、都市住民を交えた多様な主体による、落ち葉堆肥農法に欠かすことができない平地林の維持を図ってい

3-14　市民参加の落ち葉はき体験（上）と「世界一のいも掘りまつり」（下）
参加者は農家の方から熊手を使った落ち葉の集め方や、堆肥と土づくりなどのガイダンスを受けてから作業を開始する（上）
世界一のいも掘りまつりは、落ち葉堆肥を使ったサツマイモの栽培方法や掘り取り方などの説明を受けてから約440 mの長い畝に沿って一斉に始められる（下、三芳町撮影）

る。3-14の写真のように市民参加の落ち葉掃きや、サツマイモ掘りまつりなどを企画し、都市近郊の農業や平地林に関するさまざまな情報を市民に伝えている（口絵❻❼参照）。

三富の農民は地力の低い荒蕪地（こうぶち）を、過去三世紀半以上の時をかけて平地林を管理・育成し、落ち葉堆肥農法によって生産力の高い農地へと変える努力を続けてきた。落ち葉堆肥施用によってもたらされる土壌有機物は、土壌の物理的、化学的、生物的な性質を良好に保ち、また、養分を作物に持続的に供給するためにきわめて重要な役割を果たしており、農業生産性の向上・安定化に不可欠である。二〇一〇年に刊行された片岡夏実訳『土の文明史』を著したモントゴメリーは、この本の中で、「これまでのところ土壌の維持を基礎とする文化を生み出した人間社会はほとんどない」と記している。だが、これまで述べてきたように武蔵野の落ち葉堆肥農法こそ、まさに土壌の維持を基礎とする文化を紡ぎ出した世界でも希有な農法なのである。

第4章

西欧農業、厩肥から化学肥料へ

ヨーロッパの平地林とその利用

ヨーロッパ大陸の南部を東西に走るアルプス山脈の北には、構造平野のヨーロッパ平原が広がっていて、そこにはかつて平地林が広範にみられた。ヨーロッパは五世紀頃まで、地中海に沿った一部の地域を除けば、ほとんどが緑の森に覆われていた。ブナやナラ類からなるヨーロッパの平地林は、日本でみられるのとは異なり、4-1の写真のように低中木層があまり発達していなくて、林間を遠くまで見通せるのが特徴である。

地中海沿岸では、冬は温暖で多少の降雨はあるが、夏は高温で乾燥する地中海性気候なのでオリーブ、コルクガシ、ゲッケイジュ（月桂樹）、クリなど夏の高温・乾燥に耐えうる常緑硬葉樹が主体で、背丈の低い灌木からなる植生であった。先史時代からの羊やヤギの放牧、そしてブドウ、オリーブ、コルクガシなどの樹木作物の生産、造船、鉄の精錬に必要な製炭のための樹木の伐採などによって森林が縮小していった。また放牧されるヤギが、若木の柔らかい芽や葉を食べ尽くしてしまうことから、森林は再生することが難しく、岩肌が露出する低木林が散在していた。

一方、ヨーロッパ平原の平地林は、ハシバミ、ナラ類、ニレ、ブナなどの落葉広葉樹で構成されていたが、中でもナラ類が最も多かった。これは氷河時代に大陸氷河が、北部の平原までも覆い、温暖な気候に適応する多くの植物は死滅してしまったからである。しかし、氷河がなくなった後の温暖な時代になっても、南方に生存するこうした植物が、アルプス山脈を越えて寒冷な北方へと、分布域を再拡大することができないでいたからである。

ブナやナラ類の落葉広葉樹林帯から北方へ、また東の内陸部へと進むにつれてトウヒ、マツ

4-1　ヨーロッパのブナ林（上）とナラ林（下）の平地林
【口絵⑩参照】

などの針葉樹が落葉樹と混交林をつくり、やがて純林をなしていく。タイガと呼ばれる常緑針葉樹林地帯は寒冷であり、ポドゾルという痩せた灰色の酸性土壌がみられる。ポドゾルというのは、寒帯針葉樹林帯の下でみられる土で、灰白色の砂質の土壌の上に、針葉樹の落ち葉の堆積腐植層が厚くみられ、灰白層の下には赤褐色の鉄さび色と暗色の入り混じった粘土分の多い層があり、非常にコントラストのはっきりした断面をもっている。ポドゾルとはロシア農民の俗語からきた命名だそうで、「ポド」とは「下に」という意味で、「ゾル」とは灰を表す「ゾラ」からきたもので、下に灰白色の土の層があるという意味である。マツやトウヒなどの針葉樹の根や微生物の放出する有機酸によって、粘土に吸着したアルミニウムや鉄分が溶けだしてケイ酸だけが残った灰白色の酸性砂質土壌である。さらにその下層は溶脱された鉄やアルミニウム、それに腐植が集積して赤褐色になっている。したがってポドゾルは、強い酸性の上に養分が溶脱されてしまっているため農耕には適さない土で、大部分は林業やトナカイの遊牧に利用されており、今日、北欧のフィンランドやスウェーデンはヨーロッパで生産される木材の大部分を産出している。

平地林の地域では、ブナやナラ類の落葉広葉樹の林床は、4-1の写真のように厚く堆積した落ち葉によって腐植土が形成され褐色森林土壌が発達していた。この土壌は腐植が多いので農耕には適しており、西暦五〇〇年以降になってからさかんに開墾が進められ、流入人口や自然増によって人口が増え、平地林は減少していった。その最盛期は一一〇〇年から一三〇〇年

4-2　ヨーロッパの農村では、今でも庭先で豚が自給の食肉用に解体されているのを見かける

頃で、ヨーロッパ中世は大開墾期の時代に入り、それは一七世紀まで続いた。一四世紀になると、ヨーロッパはペストの大流行などがあり、一時期人口が減少して森林が拡大する時期もみられた。しかし、人口の回復とともに、再び平地林の開発が進展していった。

ヨーロッパのこの広大な平地林は、燃料用の薪、住宅や納屋の建設用木材、甘味料としての蜂蜜をはじめとした、さまざまな生活物質の供給源であった。また、シカやイノシシやキツネやウサギなどの狩猟、キジやハトやツグミなどの鳥猟だけでなく、中世のヨーロッパでは農民が秋から冬にかけて森に豚を放ち、ナラ類のドングリを食べさせて太らせていた。ある地方では、長い間、森の広さを表すのに、そこで飼育できる豚の頭数で示していたという。ゲルマン民族のランゴバルト族などは、その部族法の中で、豚の餌（えさ）になるドングリのなるような重要な樹木を保護下において、許可なく伐採することを禁じていたという。山本充の

『森を知り　森に学ぶ』所収の「ヨーロッパの森と人々の生活—森の恵み」(二〇〇六)によると、森の大きさはしばしば豊作年に飼育することのできる豚の数で示され、一四三四年に出されたシュパイヤー司教座の「木の実飼料条例」によると、6000haの森で豚二万頭が飼育できると記されている。森では検分が行われ、放牧する豚の数が決定されていた。さらに、森は村を他村から隔てる防壁の役割も果たしていたし、教会の教区の範囲も示していた。他方で、森は古来、聖なる場所としてアジール(聖域)でもあった。聖なる森へ逃げ込んだ者を追跡して捕らえることは、許されなかった。森は有用であると同時に、盗賊や無法者、オオカミや魔女や魑魅魍魎(ちみもうりょう)が跳梁(ちょうりょう)する世界であったことはいうまでもない。

　日本に比べれば、ヨーロッパは寒冷なため、かつては、でんぷん質の穀類やイモ類の栽培が難しかったので、乳や肉を主とする畜産物を食料にせざるを得なかった。とりわけ、豚は成長が早いので、もっぱら食肉用として飼養されていた。そのため、ジャガイモ(馬鈴薯)がヨーロッパで普及し始めた頃は、主に豚の餌用であった。ジャガイモが豚の餌となることで、ドングリを生む広葉樹のナラ林の森が、別の目的で使えるようになった。木を切り倒して平地林を拓いて耕地にし、ナラの森の代わりに人間が、木材などに利用しやすく生長の早い針葉樹の森を造林した。現在、ヨーロッパで食用として最も食されているイモ類のジャガイモも、一六世紀末にスペイン人がインカ遠征の際に、南アメリカ大陸から持ち帰ったものだが、先に述べたように当初は食料としてではなかった。また、フランスの宮殿などでは、観賞用の花として栽培されていたという。その後、飢饉に悩むドイツで、フリードリッヒⅡ世（一七一二―一七八六年）が、ジャガイモは寒冷で痩せた土地でも丈夫に育つことから、凶作の時に飢えに苦しむ人々を救うための救荒作物として栽培を奨励した。したがって、ヨーロッパ全土にジャガイモ栽培が広がっていくのは、その後の一八世紀後半以降になってからである。豚肉やそれから作るハムやベーコンが、ジャガイモとの最高の組み合わせを生みだし、食糧としてのジャガイモの消費が高まった。

腐植土が形成されていた褐色森林土壌であっても、開墾後、耕種農業を続けていけば、地力が徐々に落ちていく。地力を維持するためには、耕地を休ませ栄養分を蓄える長期の休閑を行うか、肥やしを施すかをしなければならなかった。中世ヨーロッパでは、休閑を行い家畜の糞尿を活用して地力維持を図った。ヨーロッパには、広大な落葉広葉樹林の平地林が存在するのに、なぜ日本のように耕地の肥料供給源として、刈敷などの緑肥や、落ち葉堆肥を利用しなかったのだろうか。

三圃式農業による地力維持

日本は高温多雨のために耕地に投入された刈敷やそのほかの緑肥や、落ち葉堆肥など植物の遺骸である有機物の分解は早いが、日本に比べると冷涼で少雨の北西ヨーロッパでは、土中の植物分の分解の速度が遅いのと、低温のため穀物の生産性が低いため耕種作物の生産のみに食糧を依存することは不可能であった。そこで彼らが中世になって考えだしたのが、作物栽培と家畜とを結びつけた有畜農業の三圃式農業であった。

それは三つの圃場の土地利用を、毎年、輪換させていく方式で、村落の全耕地（圃場）を冬穀物用の小麦とライ麦、夏穀物用の大麦とエン麦（カラスムギ）を栽培し残りを、農地を休ませるための休閑地の三つに区分して、休閑地で羊やヤギの小家畜を放牧した。麦の収穫は日本のように地際で刈り取るのではなく、穂の部分だけを刈り取る穂刈にして、残った麦藁を家畜の餌にした。特に羊は、飼養頭数も多かったことから、その糞尿は大切な肥料となった。羊は主に肥料用や羊毛用として飼われ、羊肉が食用になるのは、肉の品質改良が進められた一八世紀になってからであった。家畜は春から秋にかけて昼間は、休閑地や穀物の刈跡の休閑地に家畜を放牧し、家畜が排泄した糞尿は、養分として土に蓄えられた。夜間や冬季の非放牧期間に畜舎で排泄される糞尿は、敷料の藁とともに厩肥として利用された。中世に起こった鉄製農具の発達と三圃式農法の普及により、これまでに比べ格段に生産力があがったので、この変革を「中世の農業革命」と呼ぶ研究者もいるくらいである。

地中海沿岸地方は灌漑に利用するような大河がなかったので、水は降雨時の天水に頼らざるを得なかったので、農耕はより不安定であった。地中海沿岸地方では冬に雨が降り、夏に強い乾季が訪れる「地中海式気候」なので、当時、冬作しかできなかった。春蒔きの大麦の播種期は乾燥がひどく、発芽・伸長が困難であったからだ。秋に小麦を播種し、翌年の夏の初めに穂刈によって小麦の収穫をする。そして次の一年は休閑をするという「二圃式農業」であった。この休閑は夏の乾燥によって、土壌中の水分が徹底的に失われるのを防ぐためで、休閑期間の土の中に水分を閉じ込めていた。土から水分が蒸発するのを防ぐために、休閑中に表面だけを二〜三回浅く耕し、土壌の毛細管の出口を壊して、毛細管（サイホン）現象によって地中深くから上昇してくる水の蒸発を防いだ。

これがアルプス山脈を越えると、夏に雨がみられる気候になり、春蒔きの穀物をつくることも困難ではなくなる。それで、秋蒔き小麦と春蒔き大麦を組み合わせた三圃式農業が可能になってくる。しかし、北になれば寒冷のために小麦や大麦の生育が困難な地方が多くなり、小麦の代わりにライ麦が、大麦の代わりにエン麦（カラスムギ）が栽培される場合が多かった。地中海地方より、降雨が多いアルプス山脈以北の西欧でも、夏の休閑期間中に土中に水分が蓄えられる。同時に雑草も生えてくるので休閑にして、出てきた雑草は、

4-3　森林が拓かれて牧場・牧草地へと変化したイングランド北東部の景観

種子がつく前にすき込んでしまえば、雑草の量は大幅に減少する。

近世になってから牛や馬といった大家畜が飼われだし、日中は放牧をするが、夜は主に厩舎に入れて舎飼にすることが多くなるとともに、厩肥の生産量が増加してきた。さらに、冬も舎飼が可能になったことによって、厩肥生産量は飛躍的に増加していった。牛は去勢されない牡牛（ブル）を除いては、性質はおとなしく動作もゆっくりしていて扱いやすく、力も強かったので乾燥して硬くなった土の耕起をする犂耕に使われた。また、牛の肉や乳の加工品は、大切な食糧になった。家畜の餌を得、家畜の糞で厩肥を作り地力を増大させて作物を栽培するという方法であった。犂を引かせる家畜としては馬の方が牛より優れているが、草を消化する酵素を胃の中にもっている反芻動物の牛と違って、飼料として穀物が必要になるため、牛よりも飼育はずいぶんと手間がかかった。しかしエン麦の栽培の普及によって、農耕馬として馬の使用も、一般的になった。

三圃式農業は播種の時期が秋と春の二回に分かれるので、農作業の均分化と凶作の危険分散というメリットもあった。このように、地力維持のために一定期間作物をつくらないで共同放牧する休閑地を組み入れるので、広い面積の農地が必要になったが、広大な農地を創設するには、平地林の開墾以外には方策がなかった。各集落は人口が増加し、生産力が向上するにつれて、耕地と採草地（meadow）や放牧地（pasture）の拡大を図ったため、ヨーロッパの平地林はどんどん減少していった。冬の大半、家畜は畜舎に入れられ、乾草を与えられた。それ以外の季節には、休閑地や放牧地や、村の周辺部に残存していた森林に放牧されていた。三圃式農業のもう一つの重要な農作業は、家畜のための冬季の飼料用に、採草地から乾草用の草刈りをすることであった。しかし、冬季の飼料が不十分であったために、晩秋になると、家畜を屠殺しなければならなかった。

冬季間も厩舎で飼育する舎飼が、一般的に行われるようになるのは、一六世紀のベルギー西部からオランダ、フランスに至るフランドル地方であった。この地方の農民が勤勉であるとともに、冬の飼料としてカブが用いられるようになったことも大きかった。飼料用カブは冬季の飼料としては十分な役割を果たすものであったし、改良された牧草も、乾草として冬の間中、使うことができた。

ヨーロッパにおける冬季間の飼料の中心を占めるのは、サイロでつくるサイレージであるが、これが一般的に用いられるようになったのは、フィンランドの農芸化学者のアルトゥーリ・ヴィルタネン（一八九五―一九七三）が、第一次世界大戦中に、乾草に酸を添加して作ったサイレージが発明されるまで、長い間待たなければならなかった。この功績によってヴィルタネンは、一九四五年にノーベル化学賞を受賞したのだから、寒冷なヨーロッパの冬季間の飼料として、サイレージがいかに重要な発明であったのかがよくわかる。一九八〇年代になるとトラクターの後部に取り付けたアタッチメントで、刈り取った牧草を白や黒のストレッチフィルムで巻きとったロールベール・サイレージを作っている。4-4の写真のように作られた大きなロール

4-4　牧草地に置かれているサイレージ用のロールベール

は牧草地に置かれ、必要な時に厩舎に運び込まれるようになった。こうして、より手軽にサイレージが作れるようになり、長年、酪農や牧牛地域のシンボルであった尖塔のタワーサイロが、少なくなっていった。

中世までは穂刈であった穀物は、地際から刈り取られるようになり厩舎に運び込まれて敷料として用いられ、糞尿と混ざったものが厩肥となった。その後、休閑地に飼料用の作物が栽培されるようになると、休閑をやめて耕地の全てを利用する輪栽式に到達するようになる。一八世紀後半には、飼料価値の高いテンサイやカブなどの根菜類と、一年生のマメ科のクローバーを輪作の中に組み入れて休閑を廃して、耕地の全てを利用する輪栽式と呼ばれる新しい農法が、先進的な富農層によってイギリス東南部のノーフォーク地方で始まった。新しい品種のクローバーが普及した結果、牧場と採草地が改良され、カブとテンサイが加わったことで家畜の飼料が増加した。これによって冬季の飼料不足から解放され、多数の家畜の集約的使用により厩肥の供給が潤沢になったことと、マメ科のクローバーの栽培は、根粒菌による窒素の固定によって地力を高めるのに非常に効果的であった。こうして冬季飼料の確保が可能になるにしたがって、厩舎で越冬する家畜は多くなり、厩肥の生産は飛躍的に増加し、西欧における肥料の主役は厩肥に取って代わっていった。

このほかに肥料として重要なものに、「芝土肥料」と呼ばれるものがあった。それは放牧地の土は家畜の糞尿によって肥沃になっているので、この表面の土を草とともにはぎ取って圃場の肥料として用いたものである。これは重いものであったし、遠方から運ばなくてはならなかったので、これを施肥するためには、運搬するための馬が重要になった。芝土による施肥法で重要な点は、芝土を切り取った後の草の回復に要する時間であった。良い芝土ほど回復が早かったが、普通は七〜一〇年くらい要するという。このほか、枯死した水生植物やコケ類が、寒冷のため腐らずに堆積してできた泥炭や、川からさらった泥なども肥料として用いられていた。

輪栽式農業と厩肥利用の増大

中世的な三圃式農業から、休閑を廃止した近代的な輪栽式農業は、生産力の高い農法を実現しつつあった。一八世紀イギリスで起きた輪作と、農地の「囲い込み」による農業生産性の向上と、それに伴う農村社会の構造変化を指して「農業革命」と呼んだ。

この新農法を採用するのに従来の共同放牧の慣習は、大きな障害になった。なぜなら、せっかく飼料作物を栽培しても、そこに他の人の家畜が侵入してしまっては、意味がなくなるからである。そして、休閑の廃止→飼料作物の収量増加→農場の家畜増加→厩肥の増加→圃場の地力向上→飼料作物の収量増加というように、スパイラル（螺旋状）な変化が起きた。そこで富農層は自分の経営する農地を、生垣や石垣で囲い込んでしまう「エンクロージャー」を行うようになった。これは長らく続いてきた農村共同体の解体を促すとともに、農村からあふれ出した人口は、おりから勃興した産業革命によって都市の工場労働者として吸収されていった。産業革命によって時間を人が管理し、工場に労働者を集めて、効率と生産性を重視する時代へと変化していった。まさに「農業革命」と「産業革命」の遂行が、連動して起きていた時代であった。

各集落は人口が増加し、生産力が向上するにつれて、あくなき耕地と放牧地の拡大をしたために、ヨーロッパの平地林は急速に減少していった。中世の大開墾期を経て各集落は、人口が増加し、生産力が向上するにつれて耕地と放牧地の拡大を続け、平地林を伐り開いてきた。西暦九〇〇年には、西ヨーロッパの平原の多くは森林で覆われていたが、中世の大開墾期を経て、一〇〇〇年の間に低地の森林の多くは伐り払われていった。そして4-5の図のように一九〇〇年の状態のように、牧場と牧草地へと変化していった。森林がいち早く消失したのは、この図には表れていない島嶼国のイギリスであった。それまでのエネルギー源であった木炭が平地林とともに姿を消したイギリスでは、石炭が用いられるようになり、やがて動力源は石炭を中心とする「産業革命」の時代へと変わっていった。ノーフォークの輪栽式農法が、ヨーロッパの耕種農業と牧畜が結びついた混合農業の基礎となり、それとともに、やがて北ヨーロッパの酪農、肉牛、牧羊、養豚などの企業的牧畜業地域に展開していった。

　つまり、日本における畑地の地力維持方式が、家畜よりも森林資源による刈敷などの緑肥や、落ち葉堆肥に強く依存していたのとは対照的に、ヨーロッパの農村の地力維持方式は、家畜の糞尿とそれから作られる厩肥に強く依存し、日本と異なり森林と敵対的な農業社会をつくり上

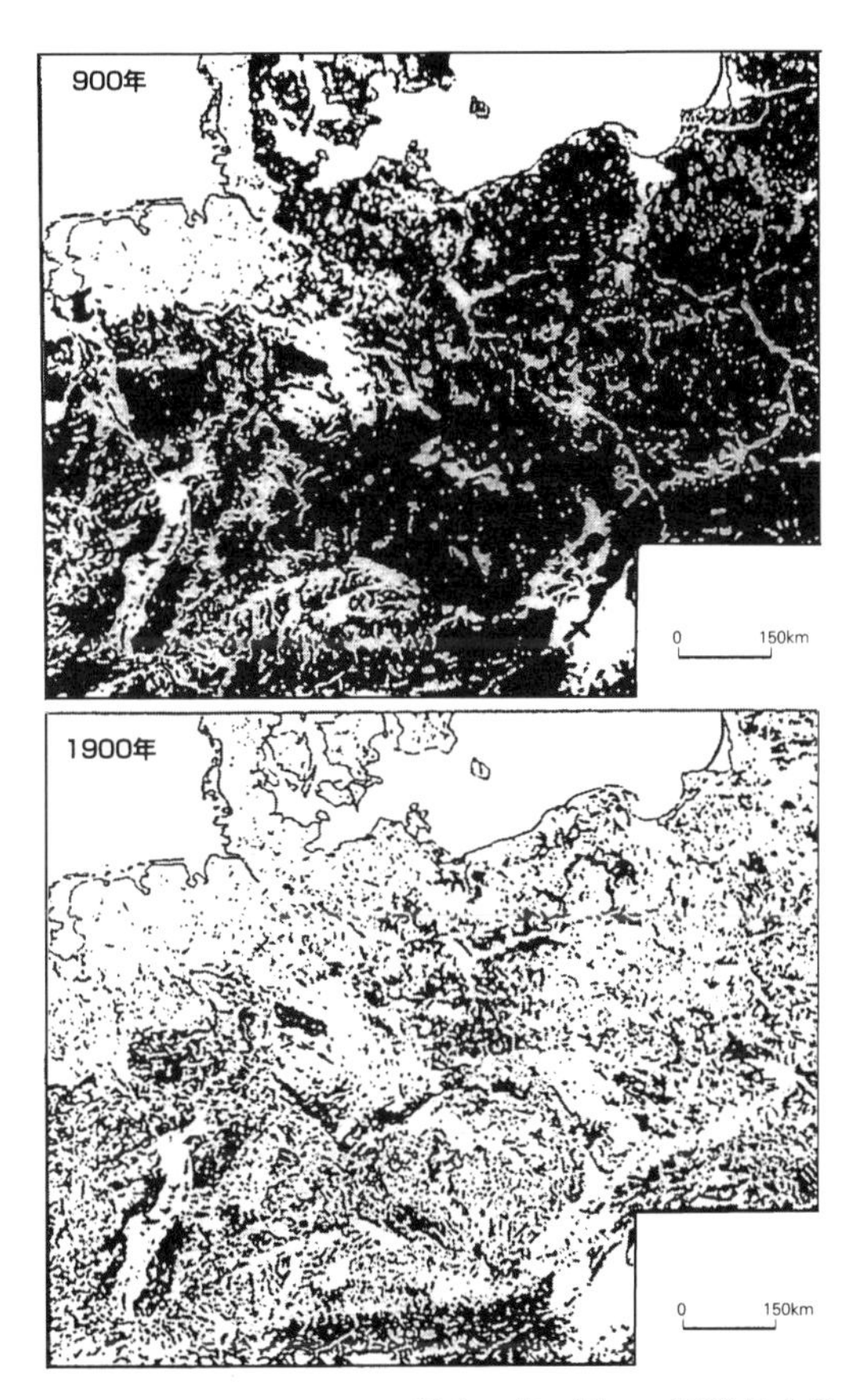

University chicago,1956 による

4-5　ヨーロッパ中央部の平地林の減少

A.Goudie（1990）の図より転載

げてきた。

テーアの有機栄養説

市場へ出される農作物が次第に増加していくと、厩肥の生産と輪作だけでは、農作物によって奪われる土の養分を補給することは不可能になっていった。近代科学の知識がかなり集積してきた一九世紀になると、植物の生長と地力の問題に関して二つの説が登場した。それがテーアの「有機（腐植）栄養説」と、リービッヒの「無機（鉱物）栄養説」であった。

西洋には古くから「腐敗は植物の母」という諺があるそうだが、これは台所のゴミ、人畜の糞尿、動物の遺体、血液あるいは堆厩肥のようなものを土に入れると、作物がよく育つということが、きわめて古くから農民や農業経営者たちに知られていた。こうした経験を理論化したのが、紀元前三五〇年の哲学者アリストテレスで「植物は養分を腐植様の基質から得る。根によって土の中から吸収する。植物は死んだのち腐植になり、腐植は肥料となる」などと考えられていた。イギリスの農学者J・トゥル（一六七四—一七四一）は、一七三一年に、植物は動物が餌を食べるように、根から水だけでなく土の粒子をも、直接取り込むことができると考えて「土壌栄養説」という考え方を提唱している。一七六一年にはスウェーデンの化学者ワーレリウスが土の中の黒い物質である腐植こそが、植物の養分であるという腐植栄養説を提唱した。このように当時の哲学者や農学者たちは、直感的に土壌有機物の腐植が植物を育てると考えていた。しかし、ほとんどの腐植は不溶性であり、植物の根が直接吸い上げて栄養にはできないことがわかったのは、それよりずいぶん後になってのことである。光合成作用について知られていなかった頃に、植物体の有機物を作るものは、根から吸収される液状の有機物（液状腐植）であると人々が信じていたのは無理もないことかもしれない。植物の養分に関する考え方に新説が加えられたのは、一九世紀に入ってからのことであった。スイスの植物生理学者ニコラス・テオドール・ド・ソシュール（一七六七—一八四五）は、一八〇四年に植物が太陽光のもとで二酸化炭素を吸収し、酸素を放出する光合成という作用を定量的研究によって証明した。

生命体が作りだす木材や野菜や、皮膚や絹糸などの物質は、一般に有機化合物、あるいは単に有機物と呼ばれる。かつて、生命の作りだす化合物は、岩石や金属などの無機化合物とはまったく異なり、人工的に作りだすことは不可能であると、考えられていた。しかし、実際には、有機化合物も科学的に合成できることが後になって判明し、この区別は破られてしまった。現在では有機物という用語は「炭素を基本とした化合物」という意味合いで用いられている。

「有機栄養説」をもとに、厩肥の土地への還元を基本として輪作を行う農業経営体系を組み立て改善していったのが、ドイツ人のアルブレヒト・ダニエル・テーア（一七五二—一八二八）である。テーアが活躍したのは、どのような時代であったのだろうか。彼が生まれてから、四半世紀経った一七七〇年代にイギリスで産業革命が始まった。先に述べたようにノーフォーク式農業の発展により、非農業従事者である都市住民の増加を賄うのに十分な食料増産が可能になったことによって、産業革命を実現させたのである。産業革命を達成したイギリスでは、工業が次第に工場制生産となり、生産力は飛躍的に高まり、人口は爆発し、国民の富が増大する基盤が、築かれていく時代になっていった。同時に、中小農民の犠牲の上に、地主や富農がますます大きくなっていくという構図も生まれた。

しかし、先行するイギリスに比べると、ドイツは一八〇〇年代に入っても、四〇余りの領邦国家に分かれ、互いに関税障壁を設けて対立していた。こうした時代背景の中で、テーアはドイツ農業の実態を調べ、ドイツ農業の向かうべき方向や、近代農業の方向を模索していたという。一七九八から一八〇四年までの六年間に、テーアは『イギリス農業入門』全三巻を出版し、この本の中で先進的に展開するイギリスのノーフォーク農法を紹介し、イギリス農業を賛美した。

彼はもともと医者であったが、自ら農業を志し、農場を経営し農業アカデミーを設立し、そこで農学の研究と教育を実践した。さらに一八〇九年から一八一二年にかけて『合理的農業の原理』全四巻を刊行し、これによって、テーアは近代農学における最初の体系者としての地位を確立した。この本の第一巻は、基礎的原理・農業経済（Ⅰ）、第二巻には農業経済（Ⅱ）・農学・肥料、第三巻は土壌の機械的改良、第四巻は作物・畜産からなっている。テーアは腐植こそ作物の養分だと強調し、それに基づく施肥体系、作付体系を提唱したので、一般の人々にも受け入れやすかったし、テーアが土壌肥沃度を農業経営における物質循環との関連において明確に概念化した意義は大きかったと評価されている。テーアは地力の維持を、生産システムの構築と管理技術の組み立ての柱にすえた。農業生産管理の技術的な側面と、経営経済的な側面を一体のものとして研究しようとした点で、テーアは「近代農学の祖」ともいわれている。当時、ドイツでは冬に十分な飼料を確保できなかったから、テーアは冬にも飼料が確保できる作付体系を考案し、あわせて、畜舎を建て家畜をその中で舎飼（しゃがい）することを薦めた。この方法によると高収量が得られたため、この成功によって農業界におけるテーアの地位は認められ、有機栄養説は正当なものとして全盛を極めるようになった。それまでは、収量が低い上に不安定であったから、ヨーロッパでは絶えず不作や凶作による大規模な貧困や飢饉にみまわれた。そのたびに農民たちは新たな土地を求めて、移住せざるを得ないような状況であった。

　中世までの三圃式農法では広大な共同放牧地、採草地が地力回復の源泉となっていたが、テーアが提唱したのは、耕地の中にクローバーとカブの栽培を取り入れ飼料を自給することによって家畜を増やし、厩肥の生産を増大させ、それによって地力を維持し、さらに増進させたものであった。三圃式、多圃式、輪栽式農法の比較をしながら土地から得られる最高の利益は舎飼方式と結びつくことによってのみもたらされ、舎飼式経営の利点は農業に必須の農地に対して、最高の発酵状態の厩肥を必要な時に施すことができることであるとしている。さらに各種農法における地力増減の計算例を示し、厩肥の供給が地力回復に大きな寄与をするという「地力均衡論」を展開した。簡単に言えば、「土から奪った栄養を堆厩肥として土に還せ」という当たり前のような考え方である地力均衡論にたち、経営全体から最高の純収益を持続的に達成することを目標にして、最も合理的な農業経営をすべきであるとしたテーアの理論は急速に受け入れられていった。

三圃式農法が行われていた時代には、休閑になる年は穀物の収穫を犠牲にするだけでなく、毎年、耕地に課せられる貢租や地代も領主に納めなければならなかった。三圃式農法から多様な作目選択の自由をもつ輪栽式農法への転換は、農民の封建的束縛からの解放でもあり、農業生産力の発展を伴いながら普及していった。

一八世紀後半から一九世紀はじめにかけて、農業の先進地のフランドル地方やイングランド東部のノーフォーク地方では、厩肥の使用は多かったが、ドイツでは、舎飼はまだ少なく厩肥の自給は、未だ困難であった。三圃式は休閑—小麦—大麦と三年で一巡する作付方式で休閑することによって畑地の地力回復を図った。それに対して輪栽式は飼料カブ—大麦—クローバー—小麦の作付順序で四年輪作する方法である。休閑をする代わりにクローバーによって地力維持を図り、大麦と小麦の生産性、安定性、持続性を図る農法であった。

テーアは「有機栄養説」を提唱し、厩肥の土地への還元を基本として農業経営体系を組み立て改善していこうとした。この方法は従来の方法に比べて土地の利用率を高め、かつ収量を著しく増大させたために、当時の農業界を一変させたのである。しかし市場へ出される農産物が増加するとともに、堆厩肥の生産と輪作による輪栽式農業だけでは、土から奪われる養分を補給することは次第に難しくなっていったのである。テーアに師事した農業立地論の『孤立国』を著した経済学者のチューネン（一七八三―一八五〇）ですら、テーアがあらゆる場所で輪栽式農業を賛美することには辟易とし、批判的であったといわれている。そして、チューネンは農業立地論を導入して一八二六年に著した『孤立国』の中で、都市からの距離によって、自由式、林業、輪栽式、穀草式、三圃式、牧畜といった農業経営方式が順次に立地することを打ち立てた。ここでの自由式が近郊農業の原型であるといってもよいが、都市から有機質肥料を入手することができるので、地力維持のための輪作や家畜の飼養にとらわれる必要がなく、また農産物の運搬も容易でかつ費用がほとんどかからないため、輪作をすることなく作物の選択が自由にできる地域という意味であった。

リービッヒの無機栄養説

一方、ドイツ人の化学者であるユストス・ホン・リービッヒ（一八〇三―一八七三）は、「無機栄養説」を打ち立てた。リービッヒの学説のあらゆる主張は、全ての植物の栄養手段は、無機物質であるということに基礎を置いていた。彼はこれをもとに植物栄養の問題ばかりでなく、農業経営上の問題にも研究の手を広げていった。リービッヒは少年時代の一八一六年〜一八一七年に「ヨーロッパ大飢饉」を経験しており、このことが農業の重要性を認識させる契機になったようである。そしてリービッヒは、一八四〇年に『農業および生理学への化学の応用』を著わした。当時は、植物は土から炭素をとるのであって、空気中の炭酸ガスから採るのではないという説に固執していた植物生理学者や、テーアの有機栄養説を信奉する農学者たちとの論争をはじめ、今までの農業上の知識をことごとく批判し、当時農学界を支配していた有機栄養説を次々と論破していった。

リービッヒは自著の中で、自身の実験結果に基づき、あらゆる植物の栄養源は腐植のような有機物ではなく、炭酸ガス、アンモニア（または硝酸）、水、リン酸、硫酸、ケイ酸、カルシウム、マグネシウム、カリウムなどの無機物質であるという「無機（鉱物）栄養説」を唱えた。リービッヒによれば土壌の養分、とりわけリンやカリウムのような無機物は岩石の風化作用によって、植物が利用できる形になる。ただし、風化の速度は非常にゆっくりであるため、植物が利用可能な状態の土壌養分は限られている。それ故、地力を保つためには、穀物が吸収した分の無機物を土壌にしっかりと戻すことが不可欠だといい、これを「充足律」と呼んだ。彼はまた、植物の生育に必須要素の光と水と土壌養分のうちの一つでも不足したものがあれば、他の要素がいくらあっても植物は正常な生育ができないといういわゆる「最小律（Law of the minimum）」の提唱者でもあったと言われてきた。だが、近年、この「最小律」をリービッヒに先んじて提唱したのは、シュプレンゲルであったことが学会で公式に認められ、現在は「シュプレンゲル＝リービッヒの最小律」と呼ぶべきであるとされている。

このリービッヒの新説は、前述のテーアの「有機栄養説」を真っ向から否定することになり、大きな議論を呼んだ。彼によれば、土から植物によって奪われたものを無機質肥料の形で補うならば、休閑とか作付順序とかは問題ではなくなるとした。当時一般に行われていたそうした農法上の原則は、一種の束縛にすぎないと強調した。また、リービッヒは農業における真の進歩は、厩肥からの解放によってのみ可能であり、輪作方式は土中の栄養を略奪するものであり「略奪農業」であるなどと批判し、「農業における真の進歩は厩肥からの解放によってのみ可能である」と強硬に主張した。後にも先にも、農業と農業経営上の問題で、有機栄養説と無機栄養説の論争ほど華々しく激しいものはなかったとまでいわれている。

しかし、飛ぶ鳥を落とさんばかりの農芸化学的知識をもっていたリービッヒですら、誤りを犯していた。植物にとって最重要元素である窒素に関して「植物は二酸化炭素と同様に、大気中のアンモニアガスを吸収し、化学合成できる」とし、窒素肥料は不要だと言い放った。土壌中の無機態窒素の量はきわめて少なく、とても植物が十分に生育できる量ではないのに、植物が窒素をたくさん吸収しているのはなぜだろうか。これはきっと植物が、大気中からアンモニアガスを吸収していたからに違いない、と彼は考えた。それはリービッヒが各地を旅する中で、窒素肥料を使用しなくても肥沃な土地を目の当たりにしたためであったようだ。その頃、土壌中の根粒菌による窒素固定については、まだ知られてはいなかったので無理からぬことではあった。植物の窒素栄養については多くの人々の間で論争され続けたが、土壌中での窒素の動態は、不明のままで時代が過ぎていった。一九世紀の半ばになるとフランスの微生物学者の有名なパスツール（一八二二―一八九五）が研究成果を次々と発表し、自然界の物質代謝に微生物が、大きく関与することを証明した。また、土壌が膨大な微生物のすみかであることも次第に明らかになってきた。そして、一八七七年には、シュレシングとムンツという二人の研究者によって、土壌微生物の働きでアンモニアが硝酸に酸化される硝化作用が発見された。さらにこの硝化作用を追試験していたイギリスの農学者のロバート・ウオーリントン（一八三八―一九〇七）によって、土壌中の有機態窒素は土壌微生物によって分解されて無機化することが明らかになった。有機質肥料が土壌に施されると、有機物は土壌生物によって分解される。有機物が微生物の分解を受けると、炭素、酸素、水素は炭酸ガス（CO_2）と水（H_2O）になり、窒素やそれ以外のリンや硫黄などの栄養分は、無機イオンとなって土壌中に放出される。この放出された無機イオンを、植物は根から吸収し、初めて利用することができるようになる。すなわち、有機物として肥料を施しても、植物は有機物を直接吸収することができないということがわかってきた。もっとも最近では、ある種の低分子のタンパク質なども、ごくわずかな量であるが根から直接吸収されることも明らかにはなってきた。こうしてこのウオーリントンの発見をもって、土壌―微生物―植物間の相互関係が明確になり、植物の窒素栄養に関する基本概念が確立した。

その後、一八六〇年にはユリウス・ザックス（一八三二―一八九七）によって水耕栽培の手法が開発され、無機養分のみで、植物が生育されることが証明された。その結果リービッヒの無機栄養説に軍配が上がり、テーアの有機（腐植）栄養説は捨象されてしまった。テーアが農業経営の枠内の厩肥によって栄養分の自給を考えていたのに対し、リービッヒは、経営外からの無機栄養分を肥料として補給することを主張した。彼はこれを「充足律」と呼んだ。テーアによって提唱された厩肥による地力の増大は、一定頭数の家畜飼養を前提として初めて可能であった。このことは商品作物を栽培しようという農家にとっては経営内部からの制約であり、家畜を飼養しなければならないことは、それまでの農業経営にとって、大きな「足かせ」になっていたことは確かであった。この厩肥が無機質肥料によって替え得るということは、多くの家畜を飼わなくともすむようになるということを意味するわけで、農民からは大いに歓迎された。

4-6　トマトの水耕栽培（中国北京郊外）

リービッヒは根粒菌による窒素固定についていては、植物が吸収することを認めていたが、厩肥の重要性についていては、見抜けなかったのであろうか。無機質成分だけが植物にとって重要な養分であるということを主張した彼の理論は、結果的にその後の無機質肥料、とりわけ化学肥料の施用に大いに力を与えることになった。相手を完膚なきまでに叩きのめし、勝利と栄誉をひとり締めしようとするかのようなリービッヒと彼を信奉する人々の過激なまでの言動によって、あたかも無機栄養説は「有機質肥料不要論」であり、リービッヒは「有機農業否定の先駆者」であるかのような誤解を生じさせてしまったのであろう。彼の思想の浸透によって、チリ硝石の輸入、カリ鉱床の発掘などが急速に増加をし、無機質肥料の施用は増加して生産性を高めたことは否定できない事実である。一九世紀末から増大した新大陸からの食料輸入による欧州農業の危機を、無機質（化学）肥料の使用によって生産性を向上させて、太刀打ちさせた最大の力になったのである。作物による土壌からの元素の収奪を、人為的に補う人造化学肥料を製造し、実践的にその利用を促進し、技術として定着させた。その後の農業にもたらした影響と化学肥料の普及には計り知れないものがあったといえよう。しかし後述するように、化学肥料の大いなる普及によって、畑地の地力が徐々に落ち、土壌や地下水の汚染などの環境問題が出現し、食と農と環境が大きな影響を被ることになる。一方でリービッヒが登場するまで、地力向上の科学的根拠は明確ではなく「神秘主義」的でしかなかったといえよう。その点ではリービッヒの登場によって大きな進歩があったのだと、評価する声があるのも確かである。

無機質肥料グアノの出現

ヨーロッパの農業は農法の変化によって休閑地をなくし、同時に工芸作物や園芸作物を導入してきたので、大量の肥料の施用が必要になってきた。その結果、グアノ糞鉱やチリ硝石などの新たな無機質肥料に依存せざるを得なくなっていった。しかしそれでも、西欧の農業は有畜である混合農業が基本であったため、一九三〇年代まで土壌に投入される作物養分の大部分は、厩肥で占められていた。

牛小屋から採取できる硝石（硝酸カリウム）は特に有効であったが、これは肥料としてばかりでなく、火薬の原料としても重要なものであった。そのため、軍事用に硝石を確保するために、「硝石床（nitre bed）」の研究も行われていた。土と家畜の糞尿、敷料などを混ぜ、それに中和剤の少量の灰をまぜ、熱が逃げないように覆いをかけ、水分を保つために水をかけて数カ月積み込んでおく。その間に、糞尿の分解によってできたアンモニアが、硝酸化細菌の働きで硝酸イオンに変化し、尿中に多く含まれているカリウムと結合して爆薬の原料になる硝石となる。

それに加えて石灰石を焼いて粉末状にした生石灰や、石膏（せっこう）なども肥料として広く用いられるようになってきた。一九世紀の初めには、南米でグアノ糞鉱とチリ硝石（硝酸ナトリウム）の鉱床が見つかり、少しずつヨーロッパにも輸入されはじめた。グアノ（Guano）は、糞あるいは「肥やし」を意味するインカの公用語であったケチュア語の Huanu に由来しているという。ペルー中部の沖合い5~20㎞に浮かぶ小群島のチンチャ諸島は、赤道近くを飛び回るペリカンや海鵜(うみう)の一種であるグアナイや、カツオドリなどの海鳥の糞が厚く堆積し、化石化したグアノに覆われていた。グアノはリン酸カルシウムと、尿酸やアンモニアなどの窒素分を含み、インカの時代から肥料として使用されていた。グアノがヨーロッパに伝えられたのは、地理学者であり博物学者でもあったフリードリヒ・ハインリヒ・アレクサンダー・フォン・フンボルト(一七六九—一八五九)らが、一七九九年から一八〇四年にかけて行った南米の探検であった。フンボルトは、一八〇七年に『新大陸赤道地方紀行』と題する三〇巻にのぼる探検記をパリで出版している。彼は一八〇二年ペルーのリマ近くの島で、グアノの肥料的価値について調査し、標本として少量をフランスに送っていて、一八一〇年頃からグアノが、ヨーロッパや北米に伝えられるきっかけとなった。一九世紀後半になると、イングランドに入ってきたグアノ糞鉱や、チリ硝石が効果を発揮したので、次第に広範に使用されるようになった。しかし、前述したように、リービッヒは「窒素は空気中のアンモニアガスから取り入れられるから肥料として不要である」と主張していたために、チリ硝石やグアノ糞鉱のドイツでの使用はなかなか伸びなかった、という事情があったようだ。

ペルーのグアノをヨーロッパに紹介したのは、フンボルトであるが、このグアノをもたらしたのは、彼がペルー沿岸で気づいた南極から北上する強い寒流であった。彼はこの時にこの寒流について流速や海面水温を計測した。彼の調べた詳細な観測記録に因んで、ペルー海流は、今でも別名「フンボルト海流」と呼ばれている。このペルー海流は、プランクトンが非常に豊富で、これを求めて魚が集まり、特にアンチョビ（カタクチイワシ）の豊富な漁場になっている。そしてこのアンチョビを求めて海鳥類が群生するため、グアノの堆積が起こった。つまり、プランクトンによって濃縮された海水中の窒素とリンは、アンチョビ、海鳥の腹を経て「グアノ糞鉱」として作物に施用されてきたのである。

4-7　自給肥料用に掘り上げられ、畑の脇に野積みされた石灰の盤層（カリーチ）　松本栄次撮影

地生態学者の松本栄次の『写真は語る　南アメリカ・ブラジル・アマゾンの魅力』（二〇一二）によると、４－７の写真のようにペルーのイカ市近郊の地下水オアシスを利用した畑では、砂漠土に生成される石灰（炭酸カルシウム）が板状になった盤層（カリーチ）が、自給肥料用に掘りあげられて畑の脇に積み上げられているのを報告している。イカ市はペルーの首都のリマから、パンアメリカン・ハイウェイで約３００km南の太平洋岸沿いで、ペルー南部の砂漠に位置している。カリーチというのは地下水の浅い砂漠において、

土にサイホン現象により吸い上げられた地下水が、地表で蒸発する時に残していった石灰（炭酸カルシウム）である。風土の中で生き残ってきた自給肥料として、カリーチは現在も利用されている。

これと同じプロセスで生成されるのが、チリ硝石である。チリ硝石は肥料としてではなく、ダイナマイトの原料としても、かつてはたいへん重要であり、ヨーロッパに輸出をしていたため、一九三〇年代までチリの経済を大いに潤していた。そのため、その産地をめぐって近接するボリビアと太平洋戦争（一八七九～一八八四年）が勃発し、勝利したチリが硝石を産出するアントファガスタ地方を、ボリビアから獲得するという結果になった。チリ硝石の主成分である硝酸ナトリウム（$NaNO_3$）は、融解度がきわめて高く、少しの降雨でも洗い流されるので、チリのアタカマ砂漠のように降雨がほとんどみられないところでしかできない。ただし、チリ硝石の生成原因には、海藻の分解説、グアノ起源説、動植物の遺体のバクテリアによる分解説、根粒菌のような土壌微生物による大気中の窒素固定説など、さまざまな説があるようだ。

空気で作る夢の化学肥料誕生

一方、リン酸成分を含む骨粉の耕地への施用は、ヨーロッパではかなり古くから行われてきた。リービッヒの論敵の一人でもあったイングランドのローザムステッド農業試験場の研究者であったJ・B・ローズ（一八一四―一九〇〇）は、自分の圃場でなかなか骨粉の効果が表れないのを見て、硫酸をかけて処理することを試みた。すると硫酸処理をした骨粉の方はよく効いたので、一八四二年にこの特許を取り、無機肥料として売り出した。一方、リービッヒも、硫酸処理して作った骨粉を「特許肥料」と名づけて売り出したが、工業的に製造を開始するのは、一八五七年でローズよりかなり遅れをとっていた。過リン酸石灰という世界で初めての無機肥料製造も、農業の現場を知るローズの方が、先駆けていたという事実も納得できるが、これが化学肥料の過リン酸石灰の起こりである。作物による土壌からの元素の収奪を人為的に補う人造肥料を製造し、実践的にその利用を促進し、技術として定着させた。過リン酸石灰の原料は、当初、動物や人間の骨を用いていた。この原料採取のために、ヨーロッパ中の墓地や戦場が掘りかえされたというから、驚くべき話である。この原材料もその後のリン鉱石の発見によって、骨粉からリン鉱石へと変わり、今日のような過リン酸石灰工業の姿になったのである。

過リン酸石灰の施用に刺激され、岩塩鉱の廃鉱からカリ塩の採掘が、一八六〇年頃に始まった。まもなく北ドイツとアルザス地方で、豊富なカリ鉱床が発見され、カリウムの大量使用が始まった。チリ硝石やカリ塩は、無機質肥料として採掘したものの、純度を高めるために精選するにすぎなかったが、過リン酸石灰の製造は原料に硫酸を作用させて、一応、化学反応を起こさせて作ったものであったから、化学肥料の先駆けであったということができよう。

一方、硫安の製造はガス工業の副製品として始まった。一八二〇年頃からイングランドで勃興したガス工業では、アンモニアガスが煙の中に含まれて排出されたが、これは不快な臭気であったために、硫酸に吸わせて除去しようとした。このようにして副産物として硫酸アンモニアができたのだが、その量は少なくて一般には広まらなかった。カーバイド工業からできる石灰窒素から、硫安を製造することも行われたが、何といっても本格化するのは、二〇世紀を迎えてからのことであった。すなわち、一九〇九年にドイツの化学者フリッツ・ハーバー(一八六八―一九三四)が、空気中の約八割を占める窒素ガスから、アンモニアを合成する実験に成功した。この功績により、ハーバーは一九一八年にノーベル化学賞を受賞している。その後ハーバー法の改良に挑戦したカール・ボッシュ(一八七四―一九四〇)は、高圧化学の技術を用いてアンモニアの大量生産に成功する。それはいい換えれば、地球上のどこにでもある空気から、窒素肥料が化学によって大量にできるようになったということだ。この功績により、ボッシュもまた、一九三一年にノーベル化学賞を受賞している。この二人のドイツの化学者の名前に因んで、大気中の窒素から窒素肥料を作る技術を「ハーバー・ボッシュ法」と呼んでいる。

なお、化成肥料とは化学的な方法を使い、複数の原料を合成して作った肥料をいう。化学肥料が、ほぼ単一成分の「単肥」であるのに対し、化成肥料は複数の肥料成分が使いやすいように合成されているもので、効率的に施肥ができる。現在は化学肥料同士の化成肥料、または化学肥料と有機質肥料の化成肥料もある。化成肥料に対して、化学的な方法を用いず、単に混ぜ合わせただけの肥料を「配合肥料」と呼んでいる。デイビッド・グリッグは山本正三ほか

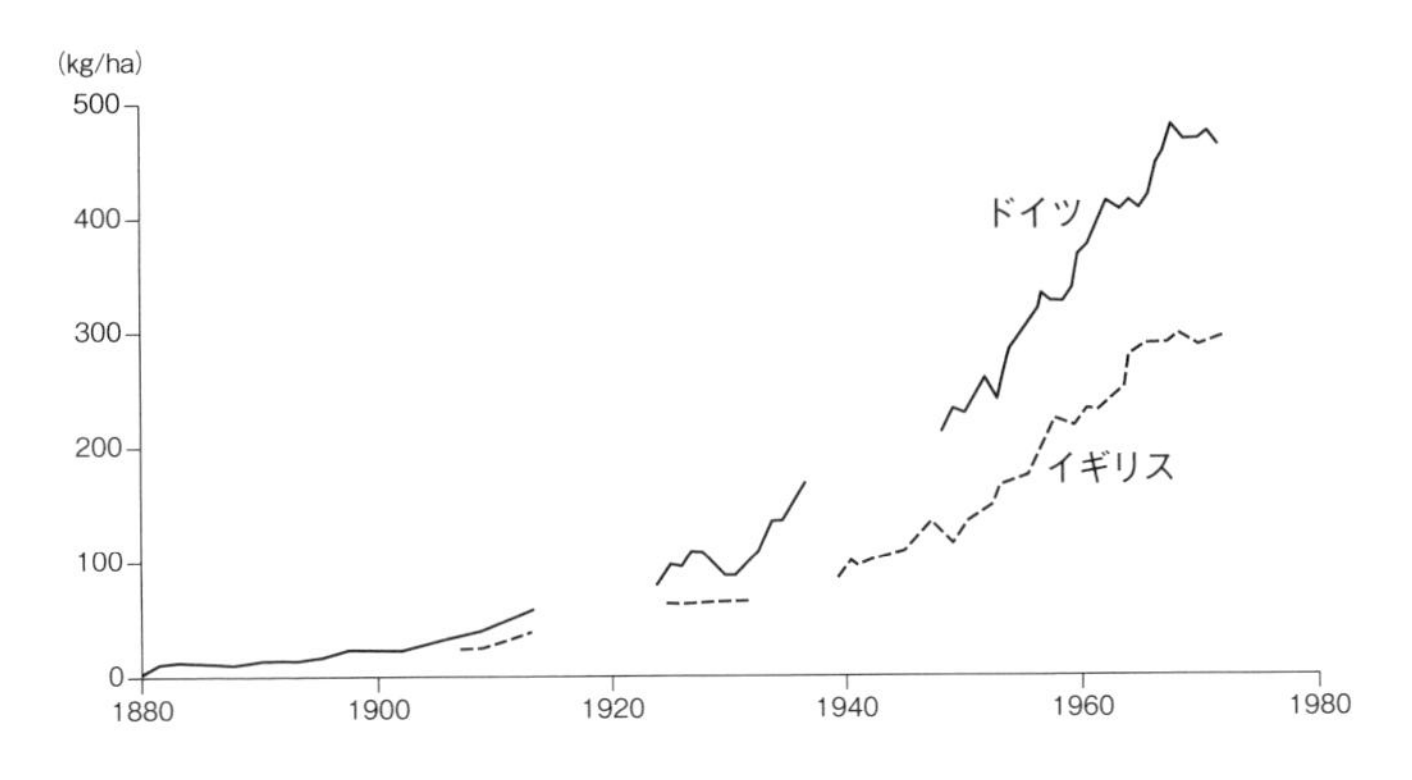

ドイツ（1945年以降は西ドイツ）とイギリスにおける耕地1ha当たりの肥料投入量

出典：D.Andrews, M. Mitchell and A. Weber, *The Development of Agriculture in Germany and the UK:3, Comparative Time Series, 1870-1975*, Wye College, Ashford, Kent, 1979

4-8　ドイツ・イギリスにおける肥料投入量の変化（1880−1980年）

山本正三ほか訳（1997）による

訳『西洋農業の変貌』（一九九七）の中で、4-8のグラフのようにドイツで発明されたハーバー・ボッシュ法によって、一九二〇年代から一九三〇年代以降、イギリスをはじめヨーロッパの他の国々にも窒素肥料が急速に拡大していった様子を明らかにしている。第二次世界大戦後の一九四〇年代中頃以降になると、石油とガスの価格が安くなり窒素肥料の価格が低下したので、単位面積当たりの消費量は急増した。農場の厩肥は依然として重要ではあったが、化学肥料の使用量の方が次第に多くなってきた。一九七〇年代には化学肥料はイギリスの土壌に投入された窒素の75%、アメリカでは92%を占めたという。グリッグは、世界の化学肥料の消費量は一九五〇年から一九八〇年の間に、七倍にも跳ね上がったことを明らかにしている。

その後、化学肥料とともに除草剤と殺虫剤も、急速にヨーロッパやアメリカなど他の国々に普及していった。化学肥料は厩肥を補い、あるいは厩肥に取って代わるまでになっていった。また除草剤は雑草を防除するので、根菜類の畑の除草を鋤でする必要がなくなってしまった。また除草のための休閑も不要になり、輪作によって病虫害を防除しなくてもよくなった。その結果、混合農業は近代の化学農業に道を譲ってしまい、農民は多種類の農産物を生産することを止め、二、三の作物の生産に特化していった。一八五〇年代以降、鉄道が普及するとともに、冷蔵技術が導入されたこともあり、農産物の輸送費は著しく低下した。その結果、西ヨーロッパは北アメリカとオーストラリアや、ニュージーランドにおける低コスト生産者の競合に、国際的な規模でさらされることになった。

現代の農業と環境

前述したように西ヨーロッパで化学肥料が使用され始めたのは、一八四二年の過リン酸石灰の発明に遡る。この年、J・B・ローズはイングランドのケント州に過リン酸石灰の工場を設立した。その後、過リン酸石灰の利用は、西ヨーロッパの多くで、広範にみられるようになっていった。しかし、肥料の使用量が急激に増加したのは、一九二〇年代になって窒素肥料が、ハーバー・ボッシュ法によって安価に生産されるようになってからにすぎない。二〇世紀初期に育種技術が進歩すると、種苗家は目立った活躍を始めるようになった。それに伴い農場外から購入するサービスと農業資材は、徐々に増加していった。家畜の飼料は一九世紀の初期から農場でよりも、むしろ配合飼料会社によって作られるようになっていった。このようにして、農業の近代化に伴って、農場外から購入される資材の割合は明らかに高まってきた。一方、農場や地域内で生産された資材を使用するのを止めて、工場で生産された資材を使用するようになっていったが、かつて農場で行われていた農産物の加工品の多く、例えばハムやソーセージ、バターやチーズなどの製造も、今や農場ではなく工場で行われるようになった。

一九四五年以後、北アメリカとオーストラリア、ニュージーランドなどとともに西ヨーロッパ諸国では、農業は新しい農業技術によって激烈な変化を遂げていった。一九世紀後半になると都市への人口流出が自然増加を超え、農業人口は減少することになった。その結果、機械化の必要性が急速に高まった。トラクターは馬に、農業機械は手労働に、そして化学肥料は堆厩肥に取って代わった。除草剤は雑草の防除のために散布されるが、かつて除草は砕土機のハローと鍬（くわ）によって行われていた。作物の病虫害防除には、殺虫剤と殺菌剤が用いられるようになった。

除草剤と殺虫剤の使用は、一九五〇年代になってから進展したが、それらの散布の多くは、病害虫以外の作物と植物相にも広範にさまざまな影響を与えた。殺虫剤は病害虫に効果があったが、殺虫剤の散布と、種子に薬剤が塗られた種子粉衣が、それを採餌した小鳥類を死に追いやってしまうことがすぐに明らかになった。種子を餌にする小鳥は種子粉衣のために死に、猛禽類のタカはその小鳥を捕食して死んだ。蝶類は過去四〇年間にずいぶん減少してしまったが、これは殺虫剤の直接的影響というよりも、その生息環境が破壊されたためであった。ただし、化学製剤に頼りきっていると、植物として本来もっている防衛機構を低下、無力化させ、その結果、弱った作物を病原体が攻撃する隙をつくってしまうようになる。農薬の使用によって、気づかない間に有益な土壌生物をも激減させてしまい、作物が微生物との適応的共生によって築きあげた栄養と防衛のシステムを、人の手によって崩壊させてしまうことになったのだ。広範囲に効く化学製剤が、良いものも悪いものも根こそぎ殺してしまうと、真っ先に復活するのは雑草である。そうすると、それらを防除するためには、さらに強力な除草剤を使わなければならなくなるという悪循環をまねく。農薬を基礎とした農業は、中毒性を持っている。そして残留農薬は地下水と地表水に入り込み、地下水や河川の汚染が進み、景観と植物相、動物相、そして人々の飲料水にも好ましくない影響を与えてきた。

ハワードを起点とした有機農業

一九二〇年代には大英帝国やドイツ語圏諸国で、農薬や化学肥料、農業機械を使用する資本主義的な近代的農法に反発する意味合いをもつ、「有機農業」の取り組みが行われ始めた。例えばドイツでは都市化と化学肥料を含めた工業化に反対し、化学肥料や農薬なしでの果実や野菜の生産をめざした市民組織がつくられた。また、化学肥料の投入による生産性の高い農業のやり方に疑問をもち、時流に乗った農芸化学はやがて行き詰まりを見せるに違いないと考えたのが、イギリス人のアルバート・ハワードであった。彼は、長年にわたり、インドで商業プランテーション向けに大規模な堆肥作りの方法を開発した研究成果に基づいて、一九三〇年代に有機物を畑に戻すことが、土壌と作物の健康と豊かな収穫に欠かせないという「還元の法則」を提唱した。一九四〇年代中頃に *An Agricultural Testament*（日本語訳は『農業聖典』〈二〇二三新装版第一刷〉）や *Farming and Gardening for Health or Disease*（日本語訳は『ハワードの有機農業』〈二〇〇二〉）を著し、日本語の訳書が出版されている。そして、栄養がどのように植物に届くのか、あまり知識がない時代にハワードは、菌根菌が大きな役割を果たしているのではないかと考えた。土と堆肥と微生物の相互関係について、モントゴメリーは片岡夏実訳『土・牛・微生物』（二〇一八）の中で以下のよう記している。

> よくできた堆肥は菌根菌の生長を促進し、菌根菌が豊富な農地は健康な作物を安定して豊富に生み出した。菌根菌は腐敗する有機物を餌とし、植物にとって欠かせない栄養素を供給する根の延長として働くのではないだろうか。このハワードの考えでは、

化学肥料は土壌有機物の代わりにはなりえなかった。元素をいくつか与えても菌類が集めて植物に届けている土壌中のすべての無機栄養素と物質を供給できるわけではないからだ。

ハワードは、菌類やそのほかの微生物が植物に栄養を与え、それがどのように作物に吸収されるのかがまだ明確になっていない時代に、菌根菌が大きな役割を果たしているのではないかという一般的な傾向について、直感的に把握していたようである。しかし、彼は土中の菌類やそのほかの微生物が、植物をどのように助けているのか、当時の分析技術では証明ができなかった。そのためハワードの考え方は、劣化した農地に集中的に化学肥料を投入して、目覚ましい収量をあげていく農法の前で、勢いを失っていかざるを得なかった。

実際に有機農業を行っている農民たちは、殺虫剤と化学肥料を用いていないし、伝統的農法はより健康的で、より美味で安全・安心な食料を生産することができると主張した。有機農業を積極的に推し進めようとする者は、トラクターと電力の形といった購入エネルギーの使用も止めている。アメリカでは、低投入農業が提唱されてきたが、これは農業用薬剤の使用をまったく拒否するのではなくて、使用量を安全レベルまで大きく減少させて利用する農業である。例えば統合的な害虫の防除は、作物の輪作と害虫の生物制御とを結びつけて農薬散布を慎重に、しかも回数を少なくすることをめざしている。

このような新しい農業、あるいは復活された形態の農業を導入した農民は、まだ少ないので、その成果は限られている。しかし、手間がかかる上に収量が一般に低いので、投入は小さいがha当たり純利益も、農薬や化学肥料に依存した農業の場合より低くなっている。今日、こうした有機農業は、生産過剰が続いて環境破壊という難問に直面している先進諸国の農民にとっては、魅力あるものになるに違いない。しかし、食料不足や飢餓に直面している発展途上諸国にとっては、それらにはあまり魅力と必要性を感じない。なぜならば、発展途上諸国では人口の急増が続いており、作物収量を増加させ続けることがなによりも必要であるから、アフリカ・アジアそしてラテンアメリカなどの多くの発展途上国で、依然として行われている伝統的な農業では、それを達成するのは非常に困難なのである。

「無機質成分だけが植物にとって重要な養分である」というリービッヒの理論を起点として、その後の化学肥料や農薬や大型機械を集中的に投入して収穫をあげる革命的な農業の前に、テーアやハワードの有機物の施用を重視する理論は、見向きもされなくなった。その結果、ハワードによる旧来の知識への挑戦は、成果を十分にあげることはできなかった。その潮目が大きく変わるのは、一九三〇年代中頃に起きたアメリカの「ダスト・ボウル」や、第二次世界大戦後の「緑の革命」の結末が明らかになってからである。

北米大陸中央部はかつて全域にわたって、湿潤で大森林と大草原に覆われていて、豊かな水をたたえていた大河が流れていた。それが変貌の兆しをみせ始めたのは、ヨーロッパから多くの人が入植して、アメリカが建国された後のことである。一九世紀に入って開拓の波は急速に広がり、森林は伐採され草原には大量の家畜が放牧された。二〇世紀に入ると森林伐採はさらに加速され、牧場や放牧地へと変貌していった。森林の破壊はその地域の降水量に影響を与えるとともに、防風効果を激減させてしまう。こうして広大な土地に土壌侵食が始まった。さらに大草原における無秩序な放牧は、植生を踏み荒らし、少しずつその地力を失っていき荒れ地となり、さらには半乾燥地や乾燥地へと変貌していった。そして第一次世界大戦によってヨーロッパの農業生産が壊滅状態になり、国際小麦価格が高騰したことによって、アメリカ南西部のグレートプレーンズの大平原は、それまでの牧場をつぶして小麦畑に急速に転換していった。一九三〇年代には大平原は、トラクターによる耕耘で草原がはぎ取られ、広大な草地と土中の土壌生物を失いながら、化学肥料の投入に過度に依存した広大な小麦畑へと急速に変貌していった。しかし、有機物が不足した表土は、猛烈な暑さと大規模な干ばつに襲われると、強風でひとたまりもなくバラバラになって吹き飛ばされてしまった。一九三〇年代になると大平原は干ばつと砂嵐にたびたびみまわれるようになり、4-9の写真のように砂塵を巻き上げる「ダスト・ボウル」と呼ばれた風食害によって、農地も町も飲み込まれ、農民は農地や家を失い流民化していった。流民となった農民たちは、一九三九年刊行のジョン・スタインベックの『怒りの葡萄(ぶどう)』に描かれているように、もう一つの恵みの土地と喧伝(けんでん)されていたカリフォルニアへと、さらなる西への移動を余儀なくされた。これは自然災害ではなく、化学肥料やトラクターの耕耘に過度に頼って、有機物を何一つ大地に還元することなく商品作物の小麦生産を推し進めてきた結末であった。その結果、アメリカ合衆国政府は、今後、耕耘するのをやめて、被覆植物で土壌の表面を覆い、不耕起栽培という農法に転換していく方向を模索し、国の機関として一九三〇年代に土壌保全局が設立され、国をあげて土と有機物の危機に対処することになった。

4-9　1930年代に起きたアメリカのダスト・ボウル
（ニューメキシコ州クレイトン。1937年5月29日）写真：AP/アフロ

アメリカ中西部のイリノイ州中北部の大草原の中の農場で生まれたウィリアム・アルブレヒト（一八八八―一九七四）は、長じてイリノイ大学を中心として土壌科学の研究に従事してきた。彼は土壌の質、食品の質、そして人間の健康の間の直接的つながりを研究した土壌科学者であり、一九三九年には、アメリカ土壌協会の会長にも就いた人物である。アルブレヒトが特に心配したのは、肥料の三要素である窒素、リン、カリウムの化学肥料を作物に施した土壌であった。植物は生長するにつれて、天然に存在する鉱物元素、例えば銅、マグネシウム、亜鉛なども取り込んでいく。し

かし、化学肥料によって窒素、リン、カリウムだけ補充されてもその他の微量要素は補充されなければ、食品中の栄養素が少なくなると彼は主張した。言い換えれば、化学肥料の集中的使用によって生産量は増えるものの、そこでとれた作物はミネラル分に乏しいものになってしまう。そして、植物でも人間でも必須ミネラルが不足しているということは、ある種栄養失調と同じような状態であるという。アルブレヒトがこの考えをまとめたのは、一九四〇年代後半で、まさにアメリカの土壌の健康と肥沃度を回復するための国家的事業の最中であった。しかし、農芸化学者や化学製剤の産業界から、彼の発表した論文の中のいくつかの誤りが次々に指摘されると、彼の主張は正鵠を射ていたにもかかわらず、ついに葬り去られてしまったと、片岡夏実訳『土と内臓』(二〇一六)の中で、著者のモントゴメリーらは指摘している。

一方、第二次世界大戦後の、発展途上国では「緑の革命」の大号令の下、飢餓に対処するために、化学肥料によく反応する米や小麦の多肥多収穫品種が品種改良によって生まれ、増産が行われた。近代農学の技術による「緑の革命」は、一九六〇年代と一九七〇年代の間に発展途上国に広がり、多収量品種、灌漑、化学肥料、農薬および管理技術の進歩などをもたらした。その結果、穀物生産は一九六一年から二〇〇〇年にかけて8億tから22億t以上に増加し、奇跡的な収穫高をあげ、過去五〇年間の人口増加に見合う食料需要を支えてきた。しかし、発展途上国の全ての地域、または全ての農家が「緑の革命」によってもたらされた進歩から恩恵を受けているわけではなかった。さらに、「緑の革命」によって資本力のある大規模農家は、毎年、

F_1品種（雑種一代）の新しい多収量品種の種子を購入することができるし、化学肥料や農薬を散布し、完備された灌漑施設によって、小麦やイネを増産することが可能であった。そして小作農から小作地を取り上げ、自己の経営耕地を拡大したため大幅に収穫高が増加していった。一方で、零細農家には高価な種子や機械や化学肥料や農薬を買う手立てがなかったので、その恩恵に浴することはできなかった。皮肉なことに、富める少数の地主層と、大多数を占める貧しい小作農との貧富の格差が拡大してしまう結果をまねいた農村もあった。そして大量の化学肥料がつぎ込まれ、土壌中の有機物が減少するとともに、機械力の導入や不適切な灌漑によって、かえって土壌が痩せるという結果をまねいてしまった。アメリカで起きたダスト・ボウルの教訓が生かせず、緑の革命を通じて発展途上国に導入された近代農業技術に基づく農法が、耕地の表面に塩類が集積する塩害や、逆に湛水化現象により水没してしまった畑地など、土地の劣化や病害虫の急増と生物多様性の喪失につながってしまった地域も見られた。

オハイオ州立大学の土壌科学者のラッタン・ラルは、二〇〇六年に「発展途上国の農地における土壌有機物中の炭素の貯留を通しての農業生産力の増大」という論文を発表している。農地に有機物を増やすことでより多くの炭素を土に戻せば、土壌肥沃度が上がる。その結果、食糧生産量が高まり二酸化炭素放出の相殺にも大いに貢献する。ラルは論文の中で小麦、米、トウモロコシの収量が根圏の土壌有機炭素量によってどのように増加するのかを分析し、個々の作物についての関係を基礎に、土壌有機炭素が年間１ha当たり１t増えると発展途上国の穀物生産が年間2400万tから3900万t増加すると試算した。モントゴメリーは著書『土・牛・微生物』（二〇一八）の中で、ラルの論文を紹介し、今後数十年の人口増と予測される食生活の変化に対応して、途上国を養うためには、年間3100万tの食料を増産する必要があると推定しているが、これはその四分の三から全てを満たしてもなお余裕がある、と結論づけている。土壌有機物すなわち土壌中の炭素を増やす農法を推進すれば、世界に食料を供給する取り組みのために大いに役立つのは確実である。

持続的農業と土と化学肥料

現在のイギリスの農村では、産業化した農業における特に化学肥料の投入や、厩肥の過剰投入による環境負荷を少なくし、修復することが行われている。それとともに、有機的農業の展開、食料生産から農地利用に休閑を取り入れることや、非食料農産物生産への移行、森林やレクリエーション地、自然保護地域といった多様な農村的土地利用がモザイク状にみられるようになってきている。

第二次世界大戦後になると化学肥料、主に窒素の単肥の形での使用が急増していった。窒素は作物に多量に吸収される養分であり、窒素養分量が作物生育を決める大きな要因になるため、農民は窒素濃度が一定以下にならないようにしてきた。植物が根から硝酸塩を吸収すると、その多くは地上部の葉や茎まで水と一緒に運ばれて、そこでアミノ酸合成が行われる。アミノ酸はさらに細胞を合成するためのタンパク質や遺伝子、葉緑素などに合成されて、植物体がどんどん大きくなる。窒素養分の供給量が多いと、葉の色も濃くなり、見た目に立派な野菜ができあがる。無機態窒素の吸収は、非常に効率よく行われるので、農家が化学肥料を多量に施用すると、植物は必要以上に硝酸を吸収してしまう。作物の体内に入った多量の硝酸塩はアミノ酸合成に最大限利用されるが、過剰に吸収した分は未消化のまま、植物体内に残留し、蓄積されてしまう。第１章で述べたが、硝酸態窒素を多く含む野菜を食べたり、硝酸態窒素が入った地下水を飲用したりすると、メトヘモグロビン血症を起こしてしまうことを想い出してほしい。欧米では乳幼児のブルーベビー症として知られ死者も出ており、成人は癌になるリスクが高いことでも知られている。

また、河川や湖沼などの地表水に流亡した窒素の増加は、富栄養化をまねき、河川の流れを妨げる雑草を急速に増殖させ、水面に藻類を繁茂させて光線をさえぎり、その結果、間接的に魚類への酸素供給を減らした。硝酸塩は、飲料水の供給源である地下水に非常に濃く溶け込んでしまう。特にイングランドの東部と南部で、この傾向が顕著である。何カ所かの地域では、飲料水における硝酸塩は、ＥＵの安全基準を超えているといわれている。例えばイングランド東部では、農民が穀物生産に専門化するにつれ、家畜の数が減少した。それは、農民が穀物の生産だけに専門化したためである。家畜はますます西部地域の条件不利地域で飼われるようになり、穀物は東部で大規模に栽培されるようになった。両者の距離が離れているため、輸送コストが高くつきすぎて、堆厩肥は畜産地域から作物地域へと運ばれなくなってしまった。そして糞尿溜やサイロからの漏れなどによって、硝酸塩の水準が高まってきた。その結果、大量の家畜の糞尿は飼養地域内で処理が必要になった。

農業の機械化が進んだことも、自然環境に多くの影響を与えた。機械の利用は、大きな圃場ほど効率的なので、特にイングランド東部では、生垣（いけがき）が壊され大規模な圃場へと変わった。その典型は、耕地や草地の境界となっていた「ヘッジロー」と呼ばれる生垣や石垣が、大型機械化のための大区画化によって失われ、鳥類と小哺乳類の棲息域が減少してしまった。生垣は、野ウサギやハリネズミなどの小動物や、野イチゴ類の宝庫として農村の生活に潤いを与え、生物の多様性を保持してきた。この消失を惜しむ声が高くなり、農民には修復のための補助金が用意されてきた。このように環境保全地域（Environmentally Sensitive Areas）や、条件不利地域（LFA〈Less Favored Areas〉）といった特定地域の農民に支払われる補助金は、環境に負荷をかけずに農業生産を行い、過放牧や窒素肥料の散布量を削減したり、良好な農村環境を修復・保全したりするのに役立つ規則との応諾である「クロス・コンプライアンス」を、条件にすることを打ち出している。つまり、クロス・コンプライアンスというのは、所得の直接補償という「デカップリング（decoupling）」の権利を、環境保全を行う農民だけに限定することで、保護を受ける資格に置き換える制度である。

また、重い農業機械の使用は他の新しい農法と結びついて、土壌侵食の危険を増大させている。重い機械は土壌を締めつけて固め、車輪はあとに溝を残す。そこを表面流去水が走り、４－10の写真のように小さな溝を削る。放っておけば、やがていくつかの浸食痕が集まってリルとなり、さらに耕作ができないほど大きく切れ込んだガリーと呼ばれる浸食地形へと進んでしまう可能性がある。

4-10　イギリスの有機物が施用されていない大規模小麦畑の中にできた雨水による浸食痕。やがてリル（溝）や、大規模なガリーへと発展していく可能性がある

土を細かく砕く播種床は、風食の危険性を増大させ、秋蒔き作物の増加は、冬に裸地を多く残すことになり、風食による土壌侵食の危険を増大させた。自家製の堆厩肥が化学肥料に取って代わられ、土壌中の有機物が減少し、微生物も少なくなり土の団粒構造が生成されなくなってしまった。土壌有機物の含有量が多いほど土壌粒子同士を結合し、侵食に堪える団粒構造が発達するので、侵食は抑制される。さらに、牧草と野菜を含む輪作が減少して、土壌中の有機物量を減らし、その結果、土壌侵食の潜在的可能性を増大させた（口絵⓫参照）。

耕耘することによって、短期的には土壌有機物の分解が促進され、作物の養分を増やすことにつながる。しかし、土壌養分が補充されなければ、長期的には土の肥沃度の低下を引き起こしてしまう。強力なトラクターの発達によって、農場に牧草地や飼料用の作物が不要になり、使役動物としての牛馬も不要になり、畜糞を農地に戻して活性化することも減少してしまった。化学肥料や家畜の糞尿を多量に与えられた作物は、栄養を手に入れるために、それほどエネルギーを消費する必要がなくなってしまう。その結果、根を伸長させて滲出液を分泌し、根圏に有益微生物を集めるような働きをしなくなり、病虫害や連作障害が増加していき、収穫量が低下してくる。

もう一つの重要な点は、土壌中の有機炭素量は耕起によって分解が加速されることがわかっている。耕起は地表面の有機物を破砕し土壌中に混入し土壌を膨軟にして、酸素を土壌中に拡散しやすくする。その結果、土壌微生物の活動を活発にし、有機物分解を促進する。これはもちろん短期的には、耕起が作物の養分を増やすことにはなる。しかし、もし養分が補給されなければ長期的には、土壌の肥沃度を低下させることにつながる。つまり土壌の有機物は耕作を繰り返すことによって徐々に減っていくし、収穫後の作物は耕地から持ち去られてしまうからである。また、耕起して土壌に酸素が入ることで、硝化も活発になり、硝酸イオンが生成されやすくなる。しかし、降雨によって土壌水分が増加すると、脱窒が起こりやすくなる。それだけでなく激しい降雨時には硝酸イオンの溶脱も起こる。不耕起農業運動の初期のリーダーであったアメリカ人のエドワード・フォークナーは、第二次世界大戦中の一九四三年に著した*Plowman's Folly*（『農夫の愚行』）の中で、慣例的に農業における基本的な行為と長く考えられてきた耕起は、土壌を破壊するだけで何の益もない行為であると指摘し、有機物を表土に混ぜ込むだけで、肥沃な土壌は維持できると述べている。また、波多野隆介は、日本土壌肥料学会編『世界の土・日本の土は今』（二〇一五）の中で、耕起は土壌劣化の大きなリスクであり、日本でも耕起を最小限にすることを検討する必要があることを説いている。耕起を慎重にするということにはもう一つの利点がある。それは、地球温暖化を防ぐための比較的すぐに取れる数少ない対応の一つとなりうるからだ。土壌を耕耘して空気にさらすと、土壌有機炭素が酸化して二酸化炭素が放出されるためである。モントゴメリー著の片岡夏実訳『土・牛・微生物』（二〇一八）にも、データの出所は示されていないが、一九八〇年の時点で、産業革命以降、人類の手で大気中に放出された炭素のおよそ三分の一が、主にアメリカのグレートプレーンズ、そして東ヨーロッパ、中国で土壌をすき起こしたために出たものであったと記されている。日本でも全体としてみると、農地は二酸化炭素の排出源になっているが、堆肥など有機物の施用による土壌有機炭素の貯留を進めるとともに、耕起を最小限にすることなどによって純排出量を減らすことができるであろう。

大規模農家の経営規模の拡大過程は、小規模で十分な経済的採算が取れない農家の淘汰の過程でもあった。すなわち、大規模で経済的に採算の取れる農家が、潰れた小規模農家が手放した農地を手に入れることによって進行した。全ての資本主義国で共通することではあるが、総農家数と同時に、農業就業者人口の継続的な減少が顕著になってきた。EUでは一九七〇年以来、平均すると両者は毎年3%の減少が続き、大農場への農地の集中と、平均経営規模の拡大がみられるようになった。特にイギリスでは産業革命以降、大規模農家に土地の集積が進み、中・小規模の農家の農産物生産量の減少が続いてきた。

そして、新しい技術と第二次世界大戦後の四〇年間の農作物に対する高い補償価格が結びついて、EUの農民に作物、特に穀物の作付面積の増加を促した。これが一層の機械化や化学化を伴う大規模農業が進展することになり、野生動物の特殊な棲息環境を伴う土地の破壊をもたらす要因になった。第二次世界大戦終結以後、EU諸国の山地や丘陵地や湿地における野生動物の良好な棲息環境が次々と破壊されていった。ヨーロッパのEU諸国の農村は、第二次世界大戦後四〇年間続いた生産を最大化しようとする農業生産拡大期の後、EUの共通農業政策であるCAP（Common Agricultural Policy）のもとで、一九八〇年代以降には以下の三つの点で再編を行ってきた。

(1) 食料農産物の生産量を減少させる。
(2) 農村の環境保全機能を有効にする。
(3) 長期間にわたり持続可能な農村を創設するために農業の生産方法を変化させる。

こうした変化は、EU域内での食料の過剰生産をなくすことや、環境保全型農業への転換、EU会計における農業補助金の経費を削減することなどが契機となっていた。その後ヨーロッパにおける現代農業の不幸な結果は、少しずつ法律で改善されるようにはなってきた。殺虫剤の安全性を管理する試みがいくつかなされてきた。イギリスを例にみてみると、環境保全地域が設定され、農民は環境破壊の可能性が小さい農法の採用を指定されていて、その所得補償を受けることができるようになった。何カ所かの貴重な野生生物生息環境は、特別科学監視地点に指定されている。

しかし、これらの政策だけでなく、農法に対する決定的変化を提唱する者たちが現れた。彼らが提唱する新しい農法は、有機（オーガニック）農業をはじめとして、持続可能農業、低インプット農業、オルタナティブ（代替）農業、ラディカル農業などと呼ばれてきた。化学肥料や農薬が使用される以前の農法は、何世紀にもわたる経験の結果として長期間環境に害を与えることが少なく、作物の収量を維持できるように考案されていた。例えば一九四五年以前に、西ヨーロッパの混合農業地域では、家畜と多種類の作物が同じ農場で生産され、自家製の厩肥は、作物栄養素と有機物を土壌に供給した。作物の一部は換金作物として販売され、一部は家畜の飼料へと向けられた。そして、穀物の藁は自家製堆厩肥を作るのに用いられ、作物は連作ではなく輪作で栽培されていた。輪作には、たいていイネ科の牧草と、クローバーを含んでいた。後者は根粒菌により空中窒素を固定して土壌に窒素分を加え、またイネ科の牧草は土壌構造の改良に寄与した。テンサイやジャガイモや飼料用根菜類などの根茎作物は、生長期間中、除草剤ではなく鍬による徹底した除草が可能であった。多くの病害は、一つの作物に特異なものなので、多種の作物を輪作することによって土壌中の病害の発生が抑制されてきた。除草剤の使用は雑草の防除に要する労働量を大きく減少させるとともに、除草のための休閑が不要になる。そして化学肥料が使用され始めたのは、一八四〇年に遡るが、肥料源として厩肥に取って代わるようになったのは、一九三〇年代になってからにすぎない。それ以降、急速に耕種農家が家畜を飼う必要性を低減させ、混合農業は基盤をつき崩されてしまった。

イギリスの条件不利地域は、基本的に北イングランドのペナイン山脈やスコットランド北部の高地、島嶼部、ウェールズの一部といった高地や山岳地からなり、イギリスの全農用地面積の半分以上を占めている。これらは過酷な気候や荒涼とした地形のために営農条件に恵まれなかったが、自然環境や野生生物の存在が、しばしば貴重な観光資源にもなっていた。こうした農村では、自然保護や野生生物生息域の保護を通して、環境からの恩恵を得ることが可能になる。農民は「社会林業」や観光農園（ＰＹＯ農業 Pick Yourself Own）と組み合わせたグリーン・ツーリズムやエコツーリズムといった観光業や、レクリエーションといったサービスを供給することが可能になる。イギリスにおける農業政策と環境政策の一体化は、農村におけるこうしたさまざまな潜在力を引き出していくことになった（口絵⑩参照）。

土地利用の多様化については、「セット・アサイド」と呼ばれている生産力の高い農地を食料用作物の生産から引き揚げる措置が義務化され、とりわけ穀物生産量を減産することが計られている。セット・アサイドは、4-11の写真のように日本流にいえば「転作と休耕」に近い概念である。その面積は、一般に、それぞれの国や地域の耕種農地面積の広狭を反映しているが、ＥＵ域内の農地に関する法律は多様な土地利用に転用することも認めている。例えば、工芸作物やレクリエーション活動用地、自然保護地、環境保全や用材生産のための植林、バイオマス燃料用の短伐期の植林地などがあげられる。しかし、セット・アサイドに振り向けられる土地は限界的であり、他方、生産継続地はこれまで以上に集約的に耕作されることが多くなり、結果的に生産水準を下げるのにはつながらなかった。そして従来の集約的で専門化が進んだ小麦生産集中地域のイングランド東部の低地農村地域は、皮肉なことに食料を市場に出荷する優位性をますます確立することになってしまった。そして、有機農業は、ＥＵ諸国では未だ大きな広がりをみせてはいない。

4-11　小麦畑の縁に作られた何も作付をしないイギリスのセット・アサイド用地　【口絵⑫参照】

ＦＡＯＳＴＡＴの統計によると、二〇一九年の全世界の化学肥料使用量の平均は、ha当たり１２２kgである。ＥＵ諸国は、4-12のグラフのように一九七〇年代は２５０kgと多かったが、一九九〇年代を通して減少し、現在では１５０kg前後と、世界平均と同じような数値になっている。アメリカは一九七〇年代から世界平均とほぼ同等であり、現在も128kg前後である。下肥や家畜の糞尿などの有機物の投入が多かったことで知られる中国は、一九七〇年当時、化学肥料は70kgと少なかったが、以後増加を続け現在では400kg前後と非常に多くなっている。また、刈敷や堆肥、下肥などの有機物を肥やしに用いてきた日本をみると、一九七〇年代には伝統的な有機質肥料に取って代わった化学肥料の使用量が400kg前後と世界平均の六倍程度と多かった。しかしその後徐々に減少し、現在は有機物の投入量とともに、化学肥料も減少し、250kg前後になっている。それでも世界平均と比べても、二倍前後と多くなっているのが目を引く。

微量要素は、植物の生育にとってその必要量はごくわずかではあるものの、多量要素と同様に微量要素でも不足すれば欠乏症が発生する。特に微量要素は堆肥に多く含まれているが、近年は化学肥料を多投し堆肥を施用しない農地が増えているため、欠乏症の発生しやすい土壌が増加している。欠乏症の野菜を食べる人間にも何らかの影響が当然表れる。例えば、銅は血液中のヘモグロビンが正しく機能するためと、正常な骨形成のためには欠かすことができない。マグネシウムは少なくとも三〇〇もの酵素反応に必須の元素で、不足すると注意欠如、多動性障害（ADHD）、双極性障害、うつ病、統合失調症などを引き起こすという。これらのことは、デイビッド・モントゴメリーらによる片岡夏実訳『土と内臓―微生物がつくる世界』（二〇一六）や、吉田太郎の『土が変わるとお腹も変わる―土壌微生物と有機農業』（二〇二二）でも指摘

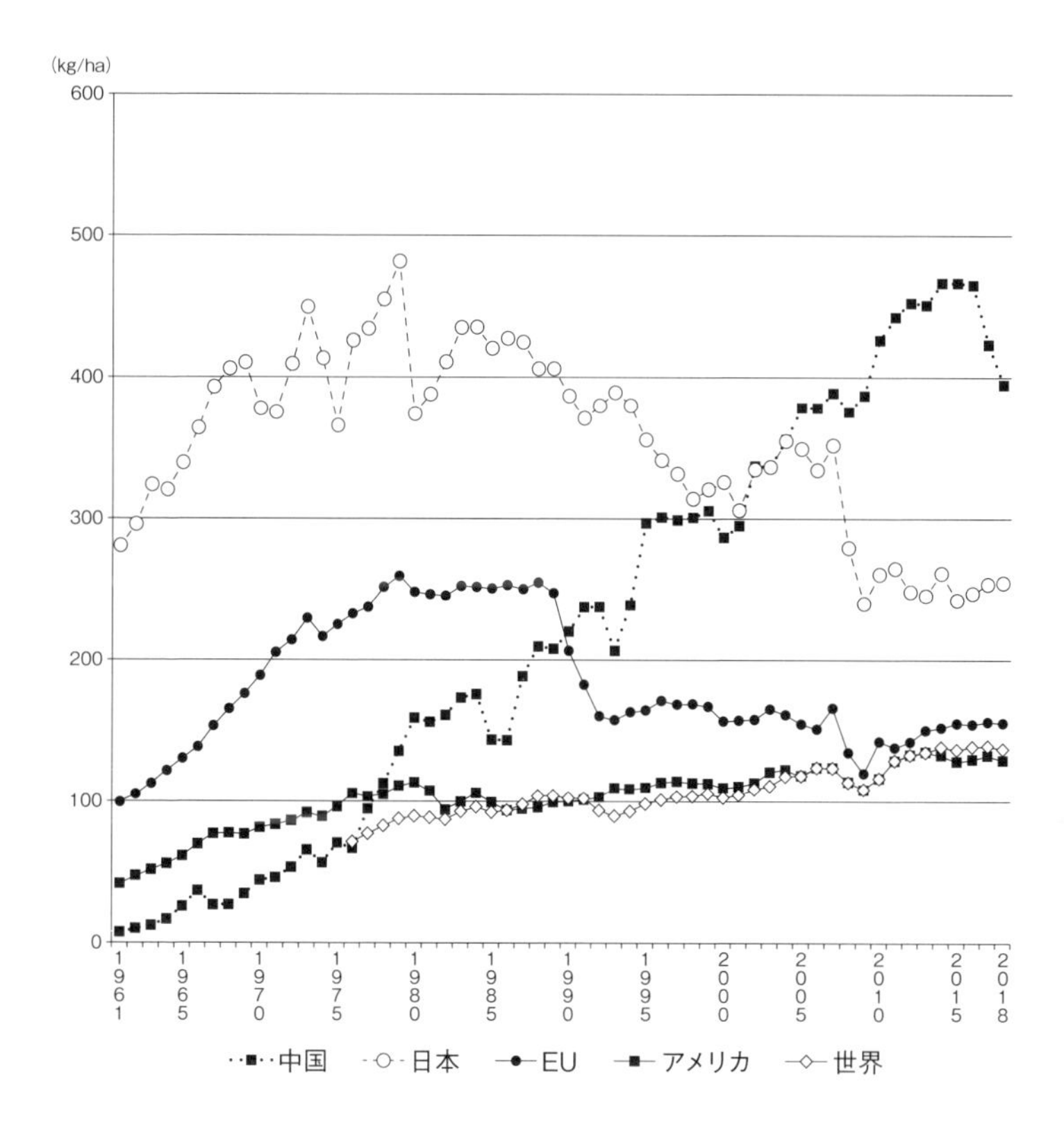

4-12　世界の主要な国と地域における化学肥料使用量の推移
(1961-2018 年)
（使用量は三大栄養素の窒素、リン、カリウムの各肥料の合計値）

FAOSTAT より作成

されている。有機農業は健康な土と多様な土壌生物を培い、その上で安全かつ安心な食料を生産し、環境への負荷が小さく持続性の高い農法であると考えられるようになった。完全な有機農業とまではいかないまでも、農業外からの化学肥料や農薬などの投入の適正化を図りながら、農地への有機物の投入を怠らず土壌有機炭素を貯留し、耕耘を最小限にするなど、土壌をいつまでも肥沃に保つことに重点を置くことは、その農地で収穫された作物を食料としている私たちの心と体の健康にとっても、環境にとっても重要なことである。

終章
世界農業遺産、武蔵野の落ち葉堆肥農法に学ぶ

土と農と食のワン・ヘルス

全ての生物はその活動のエネルギーを、植物の光合成作用による太陽放射エネルギーの固定に依存している。作物による太陽エネルギーの利用効率は、比較的高い。しかし、作物による全生産量の70～90％は、収穫物の形で耕地外に持ち出され、その多くは人間の食料や家畜の飼料になる。そしてその一部は下肥や堆厩肥として、再び、耕地に還元され、微生物によって分解され、固定されたエネルギーは熱として消散する。

耕地生態系が正常に働くようにするには、生物体を構成している元素が、動植物の遺体や排泄物を分解、還元する土中の微生物の働きによって無機化され、再び植物に取り込まれるという形で一つのサイクルをなして循環する必要がある。この物質代謝のサイクルは、森林などの自然生態系ではほぼ完結している。しかし、人間によって作りだされた耕地生態系では、収穫物が系外に持ち出されてしまうので、そのままでは物質代謝のサイクルが完結されない。従来の自然に依存した農業では、いったん系外に持ち出した有機物は、終-1の図のように下肥や堆厩肥の形で農地に還元することにより、人為的に物質代謝のサイクルを完結させていた。

しかし、欧米に限らず日本でも系外からの化学肥料の普及や下水道の完備に伴い、耕地に還元される有機物が大幅に減少したため、耕地の物質循環系は崩壊してしまった。そのため、土

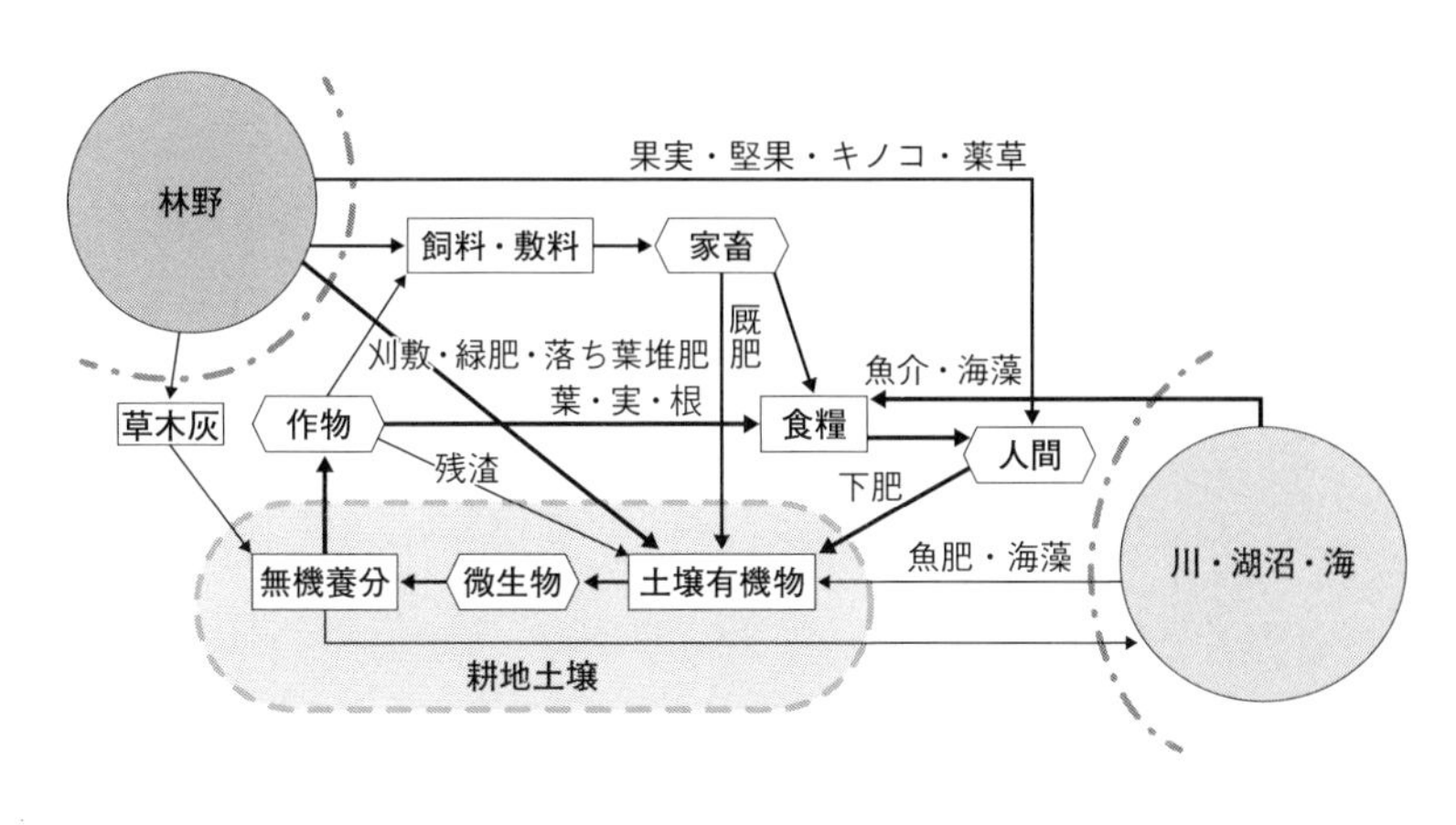

終-1　日本における耕地生態系における伝統的な物質代謝のサイクル（模式図）

岩城ほか（1979）の図をもとに加筆、改変して作成

壊の物理性や化学性は次第に劣化し、地力、水分保持力の低下、土壌微生物相の貧困化をまねき、作物生産そのものにも影響するようになる。土壌の中の出来事はかなり複雑で、現代の科学をもってしても、未だによくわかっていないことがとても多い。平均してその動きは緩慢であって、例えば施肥などの操作に対する反応は遅く、同時に土壌や自然条件によっても変わりやすく、予測しにくいということがあげられる。その点、作物生産を思いどおりにしたり増大させたりするためには、とても厄介な相手である。土壌や微生物の働きを無視し、植物である作物が必要とする養分を、化学肥料を使って直接与える手段を講ずる方が、生産力を制御するのにはとても効率的で便利な面があるのは確かである。しかしそれが過ぎると、植物と土壌の相互作

用系として機能していた生態系から、土壌を切り離して土壌は捨て置かれるようになる。これまで各章で述べてきたように、化学肥料や農薬を使って生産力をあげるのは、土を肥やすどころか、かえって土を疲弊させているという面があるのを見逃してはならない。こうしたことを考えると化学肥料は、決して「肥やし」とは呼べないことがわかるであろう。

一方、耕地から持ち出され食料として都市に運ばれた有機物は、今や農地に還元されないまま、都市の屎尿公害、海洋や湖沼や河川の水質汚濁原因となり、また家畜の飼料となった有機物は、畜産廃棄物の形で環境汚染に一役買ってしまっている。これらは耕地生態系における土壌―肥やし―土壌生物―作物／家畜―人間といった一連の関係における、物質代謝のサイクルと生命循環系が崩壊した結果生じたことによるものである。生態系内には種々の生物が生息し、それらの生物同士は、相互に影響を与え合っている。耕地において刈敷のような緑肥や堆肥や厩肥が化学肥料に取って代わられると、有機物の減少により土壌生物相の変化をもたらし、土壌肥沃度が低下し収穫量が低減してしまう。また、高度下水処理によって湖沼や海洋における汚染が低減されるものの、閉鎖的海域や湖の「貧栄養化」が進行するなどの事態が現れてきている。それに加えてこのように生物を取り巻く物理的環境、あるいは化学的環境への影響など、それらが生態系をどのような方向にシフトさせるのかを予測するのは容易なことではない。有機廃棄物による河川や海洋の汚染を解消するためには、都市・農村を含めた地域生態系の中で、物質代謝のサイクルを人為的にでも完結させなければならない。しかし、昔のように下肥や家畜の排拙物を、そのまま農地に撒くということは、今はもちろんできない。下水の汚水処理の過程でできる汚泥を原料として、有機質肥料を製造しようという試みは、何年も前から行われているものの、設備、コスト、安全性などさまざまな問題があって、資源の有効利用が必ずしも軌道に乗っているとはいえないのが現状である。

しかし、それを時代に応じたやり方で解決する工夫をし、普及させていかなければならない。今、日本の各地の自治体では、さまざまな病原体が完全に死滅していることや、重金属が含まれていないかなど定期的な検査を受けた高度下水処理によってできた汚泥を、希望する市民などに頒布している。また、黒ボク土には大量のリン酸が吸着されて眠っているので、そのリンを畑のミミズや菌根菌などによって回収する生物学的方法が確立されれば、農民も化学肥料に頼らなくてもすみ、未来のためにも大きな意味をもつのではないだろうか。しかし、人口の増加や産業の需要に応えることができなくて、農業の近代化が叫ばれ、農業の化学化、機械化など集約化が推進されてきた。その結果、一定の成果をあげてきたことも確かではある。

日本の森林や農地は、さまざまな生物の生存を保証するきわめて重要な役割を担っている。そのためにも、土壌の保全が重要である。効率が悪いということはあるにしても、農業を作物と土壌生物と環境の相互作用系として理解し、土壌を育てながら作物を育てるという考え方が必要である。化学薬剤の多用の矛盾に気づき、地力維持を通して食料の安定的生産を図るとともに、科学薬剤の多用を避けて、健康に真に貢献する食料を生産するためには、物質・生命循環の原理に立脚した農業が必要なのである。先に述べたようにイギリス人のアルバート・ハワードが、一九四〇年代中頃にこのことをすでに唱えていた。

化学肥料、殺虫剤や除草剤や殺菌剤といった農薬、遺伝子組み換え作物などに頼った現代の農業は、かえって土を疲弊させ、作物や家畜の感染症、虫害なども引き起こし、生物多様性の破壊など地球環境の悪化もまねいているのは周知のことである。生産のプロセスや品質に目を向けることなく、安くて見てくれのよい農産物を買い求めている私たち消費者も、少なくともこうした事態を引き起こした責任の一端を担っているといわざるを得ないのではないか。食は最後まで譲ってはいけないものとしてあるはずなのに、昨今はそこから切り詰められる傾向が強い。一方でスマホ代金には毎月何万円も支払っているのに、五円、十円という農産物価格差には過敏なほどまでに反応するなど、消費者としてお金を払う順位付けがこれまでとは違ってきているのではないだろうか。何を食べるかというのは自己実現であり、アイデンティティそのものではないだろうか。毎日毎食とはいわないまでも、この食べ物はどこで誰が、どのようにして作っているのだろうかといったことに思いを馳せる一瞬のゆとりをもつことが大切である。そうすることによって、消費者として農畜産物にお金を払う順位付けが変わっていくのではないだろうかと私は思っている。

土の中には、数え切れないほどの微生物が生活している。彼らの存在は植物だけではなく、私たち人間にとっても非常に重要である。土から収穫されたものが、人間の体の免疫や腸内細菌にまで影響しているという。また、腸内細菌に関しても人の免疫を制御するどころか、人の精神をも制御しているということが明らかになってきている。つまり、人間の心身の健康ですら、土と肥やしと微生物が大きくかかわっているといわざるを得ない。しかし、化学肥料や農薬などを多用して育てられた作物を食べたその日や、数日中に何か異変が起こるというような、急激な毒性はないかもしれない。それがボディブローのように、心身に長い時間をかけてきいてくるので、消費者は心身のダメージとなる自覚症状がでるまでほとんどといっていいほど気づかない。

二〇一九年以来、新型コロナウイルスCOVID-19のパンデミックで多くの死者を出し、世界中が右往左往している中で、新たなパンデミックを防ぐ手立てとして、「ワン・ヘルス（one health）」という考え方が公衆衛生学の分野で注目されている。すなわち人間の健康と、動物の健康と、環境の健康を同時に成り立たせることが重要であるという考え方である。このワン・ヘルスという概念は、人（食）の健康、農（農作物）の健康、土（環境）の健康にも当てはまるのではないだろうか。食と農と環境は今、深刻な負の連鎖に陥っている。本書を執筆していて、この負の連鎖を断ち切る鍵となるのは、土と堆肥の本来の力を取り戻し、人（食）の健康、農（農作物）の健康、土（環境）の健康の三つの健康の調和とバランスを保つことにあるのではないかということに私は気づかされた。自然の摂理や地球という大きな生命体に包まれて、今こそ農や食や環境が緊密にリンクしながら存在していることを強く認識しなければならない時代である。生態系内には種々の生物が生息し、それらの生物同士が相互に影響を与え合ってバランスを保っている。また生物を取り巻く物理的環境あるいは化学的環境の影響など、容易にはみえないプロセスがあり、それらが生態系をどのような方向にシフトさせるのかを予測するのは簡単なことではない。生態系内の動的応答を扱う複雑科学の今後さらなる進歩が望まれる。

緑の革命から世界農業遺産へ

第二次世界大戦後、ＦＡＯ（国連食糧農業機関）は、アジア・アフリカやラテンアメリカなどの発展途上国の人々を食料不足による飢餓から救うことを最大の目標にしてさまざまな活動を行ってきた。その象徴的な活動が、高収量F_1品種の育種、化学肥料や農薬、機械化および灌漑施設の敷設などによる大規模な農業に変えて、途上国の飢餓を救おうとした「緑の革命」である。その後、F_1品種に続いて「遺伝子組み換え作物」が登場することによって、大企業が種子や肥料を独占し、各地の自然特性に合わせた農業ができなくなるような事態も生じている。すなわち、「土と肥やしの危機」に直面しているといわざるを得ない。今はなるべく自然の影響を遮断するような、温室や工場や陽光の届かない地下室で作物を栽培する科学技術も高まっている。しかし菌根菌などの土壌微生物が栄養循環を担っているのに、菌根菌がいない無菌状態での水耕栽培による植物が栄養的に果たして健全なのだろうかと思わざるを得ない。そうした方法は、たしかに短期的には農業生産力は高まるかもしれないが、太陽と水と土に親しむという農業の根幹は、忘れられてしまっているのではないかと思うほどである。しかもその年、その年の収穫をあげることに血道をあげ、五〇年、一〇〇年といった長いスパンで、人間の健康との関連で農業や食料を捉えるということが、ほとんどなされなくなっている。

これからは自然環境を損なうことなく、むしろ保護・育成し、調和を保ちながら食料生産を進めていくことが重要になってくる。第4章でみたように、一九世紀の初めにドイツ人のテーアが、腐植こそ作物の養分であり、それに基づく施肥体系と作付体系とを提唱し、土壌肥沃度と農業経営における物質循環との関連についての「地力均衡論」を明確に概念化した。同時代の化学者のリービッヒは地力を保つには穀物が吸収した分のリンやカリウムなどの無機物を土壌にしっかりと戻すことが不可欠だとして、これを「充足律」と呼び、これまでの農業を「略奪農業」と批判した。それから一世紀後にハワードが有機物を畑に戻すことが、土壌と作物の健康豊かな収穫に欠かせないことを説いた「還元の法則」を提唱した。要するに、持続可能な農業のためには土壌養分がしっかりと循環しなければならないというわけだ。

ところで、モントゴメリー著の片岡夏実訳『土・牛・微生物』（二〇一八）を読んでいた時に、化学肥料の施用に道を開いたといわれてきたリービッヒが、驚いたことにテーアやハワードと同じように堆肥の重要性を説いた *The Natural Laws of Husbandry* という本を一八六三年に出版していたと記してある箇所に私の目が釘づけにされた。この書名は、『農業経営における自然の法則』とでも訳せばいいのだろうか。この中でリービッヒは、作物に十分な栄養を与えるために、有機物を畑に戻すことを推奨しているという。前述したように「土から奪った栄養を堆肥として土に還せ」というのが、有機栄養説を打ち立てたテーアの地力均衡論であった。リービッヒはこれらを略奪農業と批判して無機栄養説を提唱したのであったが、一方で、彼の最後の大著であるこの本の中で、リービッヒが農業における物質代謝の重要性を明確に認めていたということになる。このことはリービッヒが有機農業的な考え方にまなざしを向け、作物に十分な栄養を与えるために、有機物を畑に戻すことを推奨しており「有機物が文明維持の鍵である」と考えていた節があるのではないかと、モントゴメリーも著書の中で、驚きをもって記している。もっともリービッヒにとっては、植物栄養素が無機物であるということが、単純に有機質肥料不要論などにつながるはずはなかったのかもしれない。リービッヒの考え方が、同時代の『資本論』を書いたカール・マルクス（一八一八―一八八三）の晩期の環境思想形成にも影響を与えていたと、椎名重明は著書『農学の思想―マルクスとリービヒ』（二〇一四、増補新装版）で書いている。しかし、今日でも日本の一部の人は、リービッヒが有機肥料不要論者や、有機農業否定の先駆者であると誤解し続けているままである。「土と肥やしの危機に」直面している現代こそ、土壌の肥沃度における有機物や土壌生物との関係や物質代謝のサイクルについて、私たちも真剣に学びなおさなければならない時期に至っている。

こうした状況下で、ＦＡＯがこれまで推進してきた緑の革命とは大きく異なった、それに代わるアプローチとして二一世紀になってから生み出されたのが、「世界農業遺産」である。世界農業遺産というのは、世界的に重要な意義をもつとともに、かつ伝統的な農林水産業を営む地域や農林水産業システムを、ＦＡＯが認定する制度である。世界農業遺産として認定されている農業は、これまでＦＡＯが推進してきた「緑の革命」に代表されるような、飢餓や国際競争力に対処できる効率的で化学肥料や農薬や機械などに頼った大規模な農業に転換していこうとするものとは大きく異なっている。

世界的に経済性、効率性だけを追求した近代的農業システムが進展する中で、農村地域に伝わる伝統的農業の食料生産だけではなく、自然や風景や農村文化など多面的機能を国際的に評価し残していく、そしてそれを後押しする仕組みが必要で、その一つとして、ＦＡＯの世界農業遺産ができた。世界農業遺産の正式名称は、Globally Important Agricultural Heritage Systems といい、その頭文字をとって「ＧＩＡＨＳ」（ジアス）とも呼ばれている。世界農業遺産は二〇〇二年に南アフリカのヨハネスバーグで開催された「持続可能な開発に関する世界首脳会議」、通称「ヨハネスバーグ世界サミット」でＦＡＯが提唱したものである。

従来からのＦＡＯの取り組みである「緑の革命」については、一定の評価がなされる一方で、地域の暮らしや文化、生物の多様性の維持といった価値観と、必ずしも調和的ではないという面も露呈し、それに対して疑義も指摘されるようになってきた。そうした模索の結果、ＦＡＯのもう一つのアプローチ、「プランＢ」として生み出されたのが世界農業遺産（ＧＩＡＨ

S）である。次世代に受け継がれるべき重要な伝統的農業や生物多様性、伝統的な知識、農村文化、農業景観など、全体をシステムとして継承していこうとするものである。「手つかずのもの」や「古いもの」を最上とするユネスコの「世界遺産」とは異なり、時代の変化や環境の変化によって移り変わっていくものであり、より良い方向への変化を可能にする伝統的な知恵の蓄積が、「世界農業遺産」という考え方なのである。そして、それを将来に向けて次世代へと継承していくことが大切な役割なのである。

東京西郊の北武蔵野に位置する埼玉県所沢市、川越市、ふじみ野市、三芳町からなる三富地域で暮らす人々も、ＦＡＯの世界農業遺産という新しい制度の存在を知り、自分たちが三六〇年間続けてきた落ち葉堆肥農法を護り育て、それを世界に発信していかなければならないという強い自覚と使命感が湧き上がった。そして家族経営によって、安心で安全な農産物の生産を持続的に続けるためにも、健康な食と農と環境を将来に引き継ぐためにも世界農業遺産の認定を受けたいと強く願い、世界農業遺産推進協議会を立ち上げた。筆者は三富地域を起点として関東平野の平地林と農業のかかわりについて、これまで約五〇年にわたって調査・研究を続けてきた経緯もあり、この協議会の活動に二〇一九年からかかわってきた。世界農業遺産の認定を受けることになれば三富地域の農家や住民の価値観に、これで大きな転換がもたらされるに違いない。これまでは、「発展から取り残され、古くて非効率で役に立たない」「前近代的で重労働の農法」などと否定的に捉えられがちの面もあった落ち葉堆肥農法や農耕文化に対して、新しい側面から世界的な評価が与えられることによって、農家や地域住民たちの自信や誇り、やる気を引き起こす点に最も大きな意味があると、『世界農業遺産―注目される日本の里地里山』(二〇一三)を著した武内和彦は強調している。

こうした中、東京西郊の武蔵野の落ち葉堆肥農法が、推進協議会の地道な努力の積み重ねによって二〇二三年七月に世界農業遺産に認定・登録された。科学技術が高度に発展した狭い島国の日本の首都のすぐ隣で、落ち葉堆肥農法によって今も露地野菜栽培が営まれ続けている。施設園芸ではなくこうした土づくりを基礎に置いた農業が世界農業遺産に登録されることは、世界でも日本でもおそらく初めてのことである。多くの人に知られているユネスコの「世界遺産」は、建物や自然、いわゆる不動産をそのまま保存することを目的としているのに対して、FAOの世界農業遺産の方は、近代的な部分を取り入れ進化を続けながら、従自然的な伝統技術や知識をいかに残していけるのかが問われている。自然を克服し、新しいものを創造するというより、自然の仕組みを研究し、それを合理的に利用するといういわば「従自然型」の考え方が、コンパクトな農的環境を維持していくには相応しいものであると私には思える。

科学技術が高度に進んだ首都東京の30㎞圏に、江戸時代の新田開発時から三世紀半以上を経過した今も、多くの後継者によって受け継がれ首都圏でも高位に属する農業生産をあげているのが、三富地域の従自然型の武蔵野の落ち葉堆肥農法である。荒蕪地であった武蔵野の台地上に開発された畑作新田で畑作農業を維持するには、耕地生態系の中に落葉広葉樹を主体とした平地林を意識的に配置した。それを維持・管理して、落ち葉で堆肥をつくり、毎年、多量の有機質肥料を畑地に投入して土壌生物を維持する土づくりをし、作物を育てるとともに、風食害を低減する落ち葉堆肥農法というシステムが考え出されたのだ。この落ち葉堆肥農法がもつ特徴は、これまでみてきたように土壌有機物と土壌生物を増やす「土づくり」である。「土づくり」といっても、落ち葉を採取して年単位の時をかけて作った堆肥を施用し、愛情を注ぎながら作物を育て、あとはミミズやトビムシや微生物といった土壌生物の働きに委ねざるを得ないのだ。この従自然型農法は、手間暇がかかるかもしれないが、腐植と土壌生物を増やす土づくりを大切にした農法であり、最も重要な点は、土壌生物の働きをいかに尊重し作物を育てるかである。

これまで述べてきたように、特に先進国を中心とした農業の大勢は、それとは正反対のものであった。これからは、農地の肥沃度を維持するためには、速効性はないが土壌生物のエネルギー源となる有機炭素を補給し、自然環境を損なうことなく、むしろ保護・育成し、調和を保ちながら持続的に食料生産を進めていくということが重要になってくる。化学肥料や農薬は短期的にはカンフル剤のような目覚ましい効力を発揮するが、長期的には土中の有機物の減耗につながり、土壌侵食や土壌劣化を引き起こし、土中の土壌生物を死滅させ、その結果、栄養の循環を遅らせて作物収量の低下をまねいてしまう。そうした意味でも、今に息づく武蔵野の落ち葉堆肥農法が、二一世紀の農業や、ひいては社会を救う農法になるのではないか、という確信を私はもっている。農業の原点は、食料の生産を通じて人々がつながることでもあった。農業は人々の共感力を高め、共助の精神を醸成する仕組みだったはずである。生産者である農家と消費者の私たちはともに、人々に幸福をもたらす農業とは何かを、考え直さねばならない時期なのではないだろうか。

現代の農業に与えられた課題は、いかに伝統的な農法を現代の土壌生態学の知見と融合させ、世界を養うために必要な集約的農業を維持・推進するかなのだ。過去半世紀強くらいで成し遂げられた現在の収穫量を維持していくためには、土壌自体はもちろん、土壌有機物や生物多様性をこれ以上失わないようにしていかなければならない。統計的にみると、現在の世界農業の約七割強が、1ha未満の小規模農家で占められていて、小規模・家族農業は世界の農家の約九割を占め、食料の八割を生産している。したがって、飢餓や食料安全保障は、これらの小規模な家族農業抜きには考えることはできず、持続可能な開発の文脈で、農業に新たな焦点があてられる際には、食料生産と天然資源管理においてこれらの農民が果たす役割に着目し、農業の基盤を強化するための支援の必要性がある。それには発展途上国は、大規模で化学化された農業を模倣するのではなく、今に息づく武蔵野の落ち葉堆肥農法のように、家族農を中心とした小規模な農業の慣行が日本国内のみならず、とりわけ途上国で広く採用されていく必要があるのではないだろうか。化学化、機械化、大規模化の進んだ農業と比較すると低投入である分、低生産であったり、生産が不安定であったりするかもしれない。しかし、自然の中からさまざまな資源を調達し、農作物を栽培し収穫をする技術の中に、その土地固有の知や技がたくさん内包されている。農薬や化学肥料を用いない農業では、世界の食料生産量が不足するというならば、土や生物などの農業資源の劣化や環境保全を図ることに留意した慣行農業と、有機的農業を併存させていくことが現実的であろう。どちらを農民が実施するのかは、途上国の農民の考え方や置かれた状況によって、それぞれが判断すべきことであろう。

持続的農業と土と肥やし

今日まで長い間、農業に限らず工業においても同じことであるが、生産コストの中には労賃や原材料、資材費などの直接生産費は計上されているが、生産の過程や生産物が市場に出た後で社会に損害を与えたり、環境を汚染したり破壊したりすることに対するコストは、まったく勘定に入れられてこなかった。また、生産システム内部での効率を上げ、内部コストを小さくするために、生産者は努力を惜しまないが、そのシステムの外にかけている外部コストについては、無関心であるのが一般的であった。それどころか公害や「東日本大震災」の時の原発事故のように、内部コストを小さくするために「外部不経済」として、外部コストを大きくしてはばからない例すらあった。今、こういう外部コストのうち、大気や土や水など環境に対するコストだけに限定して、これを「環境コスト」と呼ぶとすると、従来の農業生産方式の中には環境コストの大きいものが少なくない。集約的な先進国の農業の中で使われている化学薬剤は、肥料にしろ、農薬にしろ、過剰に使用されれば環境にマイナスのインパクトを与える原因となっている。耕地による単一の作物の連作や、過放牧や過耕作などが土壌の構造を弱め、土壌侵食を激化したり、連作障害を引き起こしたりして、その結果さらなる化学薬剤の多用をまねくことにつながり、農地から流亡した化学薬剤は地下水や河川や湖沼や海洋を汚染して、明らかに環境コストを大きくしている。繰り返すが、食と農と環境のワン・ヘルスをめざさなければならない。

現在の農作物は、極言すれば化学肥料や農薬など多量の「化学薬剤漬け」になり、病虫害や気象災害に弱い奇形な植物に変身してしまった。十分な施肥、病虫害の防除、気象や土壌などの環境ストレスの緩和、競合する雑草の防除といった人間による保護なしでは、もはや育つことすら難しくなってきている。化学肥料を多用された畑の作物は、根を介して簡単に無機栄養分が摂取できるようになってしまった。そのため、植物は栄養を手に入れるにはそれほど自らのエネルギーを消費しなくてもすむようになっていく。植物にとってエネルギーを獲得し保持することは、生存の中心なのである。そこで、植物はむやみに根系を伸ばしたり、滲出液（しんしゅつえき）を作ったりはしなくなる。その結果、根圏の菌根菌や、そのほかの有益細菌の数が減少したり死滅したりしてしまう。さらには、植物の健康と病原体からの防衛に必要な栄養交換、ミネラルの吸収、フィトケミカルと呼ぶ植物が作りだす物質で、微生物との情報伝達を含め、防御と健康にかかわる幅広い機能をもつ物質の生産が不活発になってしまう。すると微生物相の活性が下がり、栄養循環が遅くなり、作物生産量が低下する。さらに、先進国における農業の中での多量の化学薬剤の使用は、これまでみてきたように作物中の残留、地表水や地下水の汚染などを通して、人々の健康に対する深刻な脅威にもなっている。一方、有機質肥料のみで農産物の高い収量を得ようとすれば、かなりの多量施用が必要になり、これまた環境汚染につながってしまう。

さらにそれらに加えて、一九八〇年代のはじめにはアメリカでも、ヨーロッパでも穀物の過剰生産が、政府や農民を財政的にも圧迫する要因となった。日本でも一九六〇年代後半には、従来の米不足から一転して米の過剰問題が議論されるようになり、一九六九年に、日本の農政史上初めて米の生産調整が施行された。食糧管理制度の下では、国の財政負担の増大をまねくために、日本政府は新たに「総合農政」を発足させ、一九九五年には食糧管理制度が廃止され、現在の自由米の制度に至っている。

環境コストを積み重ね、言い換えれば環境に対する「つけ」をため続けていると、最終的には農業生産そのものが不可能になってしまう。それは、土や水などの生産のための自然資本を食い潰しているのであるから当然のことであって、環境に配慮しない農業は、持続性を保証されないということである。これまでみてきたように、実際、ＥＵ諸国のようにすでに国民的合意の上に立って、自然や環境保全のための自助努力をしている農家には、デカップリングという直接所得補償を実施してきている。国民の資産としての環境や土壌が保全されれば、そのための減収分を社会が負担することに国民的合意を得ているのだ。有機物を農地に戻すと一口でいっても、簡単なことではない。社会的視野からも今ある農業補助金を再編するなどして、武蔵野の落ち葉堆肥農法のように、土づくりを基本として地力改善の努力を続けている農家に対して、報酬を与えるような施策を是非とも、日本においても実現しなくてはならない。江戸時代を思わせるような埃にまみれながらのきつい労働を伴う落ち葉堆肥農法が三富地域で今もなお続いているのは、消費者に安全・安心で栄養価の高い農産物を提供できるという農民の自負がその基盤になっており、それが落ち葉堆肥農法を続けている農家の支えになっている。しかし、土づくりを懸命にしながら農業を行っている農民の自負心に頼るだけでいいのだろうか。消費者がこうした農民に敬意を払い、所得補償を含めそれに見合った適切な価格を設定することがきわめて大切なことである。現在、高齢化が進み、耕作放棄地や農地の壊廃が進み、食料自給率が38％代にまで落ち込んでいる日本農業にとっては、重要な施策になるに違いない。

土と肥やしと土壌生物の適切な扱いこそが、ワン・ヘルスをめざす持続的農業を保証し、安全・安心な作物の生産や人の健康を増進させ、文明の衰退を食い止める鍵となるのではないだろうか。食と農のシステムを外部からもたらされる大量のエネルギーを消費し続ける方向へとさらに進めるのか、それとも自然にしたがう地域限定の農法をオルタナティブ（代替的）なシステムとして残そうとするのがよいのかが問われている。破局につながる農業生産の拡大と農業生産性のさらなる上昇をめざすのではなく、スケールダウンとスローダウンをめざすべきだろう。

落ち葉堆肥による地力増強を世界に

日本人は化学肥料や農薬が普及する七、八〇年くらい前までは、里山の資源を肥やしとするなど農耕活動に利用してきた。里山や流域を単位とした生活様式の存在、そして現在にまで受け継がれている自然への畏怖の念や、再生と循環の世界観に端的に示されるように、日本人は里山の文化を守り、草木とともに生きる道を選択してきた。ヨーロッパでは肥料の制限から少肥にならざるを得ず、耕地の地力維持は基本的には耕地内部で考えざるを得ない。そこで土壌の性質、耕起の方法や有機物の還元が神経質なほど考慮され、肥沃度は土壌の属性であるという考え方が常識になったのではないか。一方、日本では土地を耕すには、入会地や里山から肥やしの材料になるものを集めてくればよかったので、地力増強はどれだけ肥やしを施すかで決まるという観念が強かったのだろう。こうした考え方の相違の基本には、自然生産力の高さの違いがある。日本で、入会地や里山から肥やしの材料を採取できたのは、温暖湿潤な気候条件から林野の生産力と再生力が、冷涼で乾燥したヨーロッパに比べれば、けた違いに高いからである。それは絶えず日本人の身近なところに自然があり、命の鼓動が聞こえていたからにほかならない。

これを機会に落ち葉堆肥や刈敷、下肥といった有機質肥料による土づくりについて再考し、武蔵野の落ち葉堆肥農法の今日的意義を、国内はもとより世界に向けてアピールしていく必要が大いにあるのではないだろうか。繰り返しになるが、「土づくり」といっても、ただ作物を植えておく土を用意するという意味だけでなく、土壌構造を多様化し、作物の養分に富んだ生物相豊かな土壌にして、耕地生態系の安定性を高めるという意味がなければならない。植物栄養を化学肥料に頼りきっている農業から、土壌生物相を活性して土壌肥沃度を上げることこそ持続的農業が可能になるという土壌生態学を中心とした新しい農業の考え方にも呼応することが重要である。武蔵野の落ち葉堆肥農法こそ、耕地生態系の中に里山を取り込んで、そこから得られる落ち葉堆肥を用いて畑の土づくりを行い、土壌有機炭素を貯留し土壌の肥沃度を上げながら、農作物を持続的に生産する農法である。第3章で述べたように根圏を取り巻く土壌微生物学や土壌栄養学などの近年の科学の発展によって作物と土壌の世界観はダイナミックに変化していて、落ち葉堆肥のような有機物と多様な土壌動物・土壌微生物と植物の根との相互作用が解明されるにつれ、武蔵野の落ち葉堆肥農法が新たな輝きを放ち始めているのだ。三富地域では、三世紀半も前からこの農法を実践し続けている。まさに、土壌の維持を基礎とする農耕文化を築き上げてきたと評価するに相応しいのではないだろうか。

二〇二一年一一月に国連の推計によると、世界の人口は八〇億人を超えた。人間が必要とする食料をはじめとする物質を、農業革命や産業革命やＩＣＴ（Information and Communication

Technology 情報通信技術）などといった大きな技術革新で効率的に得ることができるようになってきた。しかし地球が生産できる生物資源も、利用できる地下資源も無限ではない。人間が地球環境にどれだけの負荷を与えているのかを考えるとともに、地球の現状と生活を見つめ直し、子孫に何を残せるのか真剣に考えていかなければならない。歴史の中で切断されてきた農と自然、人と人とのかかわりを再びつなぎ合わせて成り立つ食と農と環境のワン・ヘルスを基礎とする循環の時代に還ることがなければ、人類はもうもたなくなるのは明らかである。食料問題や環境問題、感染症のパンデミックの深刻化が進むにつれて、「人間にとって自然とは何か」ということが、「自然にとって人間とはなにか」ということとともに、再考されつつある。自然から切り離され、自然の破壊によって自然力が蝕まれ、失われようとする今、私たちは人間が自然的な存在であることを思い知らされている。

本書で指摘した「土と堆肥の力」の低下によって生じていることへの危惧は、筆者の牽強付会なのだろうか。いや、そうではない。現代の食と農と環境と人の健康に突き付けられた、まさしく現実の問題なのである。それなのに、国民レベルでの関心が低いという現実が、私にとって大変もどかしく、気がかりな点である。願わくは本書が今の多くの日本人にとって、「土と堆肥の力」を取り戻す大事な気づきになってくれるならば、望外の喜びである。

あとがき

今日、世界の各地で耕地への有機物である堆肥や厩肥の施用量が減少して土壌肥沃度が低下し、土壌侵食や劣化が進行している状況である。そして病虫害が多発するなどして作物の収量が低下し、環境や人々の健康にも大きな影響を及ぼす事態が報告されている。足元の日本でも、例外なくこうした影響が顕在化している。ところが、高度な科学技術が発達している首都東京の目と鼻の先なのに、今でも、施設園芸ではなく年単位の時をかけて作った落ち葉堆肥を用いて有機物と土壌生物を増やす土づくりをしながら、露地野菜の栽培で持続的に高い収益をあげている農法が存在している。それは武蔵野の一角を占める三富地域で行われている落ち葉堆肥農法で、手間と時間はかかるが、土と土壌生物を大切にする持続可能な農法として、今も後継者に脈々と受け継がれている。

そうした中、二〇二三年七月初旬、ＦＡＯの世界農業遺産に武蔵野の落ち葉堆肥農法が、認定・登録されたという報がイタリア・ローマから届いた。しかし、世界農業遺産に認定・登録されたからといって、これでめでたし、めでたしで、事足りてはならない。武蔵野の落ち葉堆肥農法を、単に「絶滅危惧農法」として三富地域にとどめ置くだけでなく、その特徴と有効性を世界中にアピールするまたとない機会とすべきである。そして、今後も実践し続けることによって、少し大げさかもしれないが、土壌侵食や砂漠化、気候変動などによって引き起こされている世界の食料問題や環境問題を乗り越えることもできる可能性を内包していることに気づかなければならない。それどころか、この農法が地球温暖化をくい止める、最も費用がかからない方策の一つであることにも、多くの人に気づいてほしいと私は願っている。

食と農の生産システムを、大量のエネルギーを消費する方向へとさらに進めていくのか、それとも地域限定の小さな「従自然」のシステムとして残そうとするのがよいのか、今、人類の食と農と環境は重大な岐路に立たされている。とりわけ、地球温暖化や気候変動、新型コロナをはじめとする感染症のパンデミック、ロシアによるウクライナ軍事侵攻、歴史的な円安などで、農産物や飼料や肥料の国際的需給にも大きな影響が生じている。日本ではこうした中、化石燃料や輸入原料によって合成される化学肥料や農薬に過度に頼らない有機農業や、環境保全型農業もしくは環境修復型農業に注目が集まっている。農林水産省も現在、こうした農法を大幅に広げる目標を掲げており、食料安全保障に関しても論議が続いている。これを一時のブームで終わらせずに地域農業のサイズダウンと農業生産性のスローダウンに向けて取り組まなければならない。それにはまず、カロリーベースで40％を切る現在の日本の食料自給率を、少なくともヨーロッパ各国並みの60%代に上昇させることが必要である。それを可能にするには、武蔵野の落ち葉堆肥農法に学び、短期的な生産性を追求する農業や食料生産方法と決別し、土と肥やしの力が最大限発揮できるように真正面から向き合い、「土づくり」をないがしろにしない農法に、全国的規模で取り組んでいくことが肝要である。その道のりは決して容易なものではないが、それを避けて通れば、私たちの社会も将来必ずや立ち行かなくなるのは明らかである。

農学や土壌肥料学、土壌微生物学などの専門家ではない地理学研究者の筆者が、本書を執筆した動機の一つには、今に息づく武蔵野の落ち葉堆肥農法を調べている間に、人間と自然の関係の学である地理学の命題、すなわち二一世紀の世界の食料や農業や環境の在り方に、この農法が確かな指針を示しているのではないかということに気づかされたからである。特に、土と肥やしと微生物を取り巻くさまざまな学問分野は細分化され、それぞれが極度に専門化され、要素還元主義的であって関係性や総合化の視点が欠落しているかのようで、人や農や環境との関係性を捉えるのが難しくなっているように思われる。何か一つの事象だけを深く追求するだけでなく、他の多くの事象との関係性を理解することが地理学的思考法としては重要で、それが循環系という見方を導きだすことにもつながっていると私は考えている。本書では、多くの分野の専門家による研究成果を関連付けながら総合化して、地域生態論の視点から土と堆肥を通した農耕文化論として描き出すことに注力した。また煩雑さを避けるために学術論文のような引用の仕方や脚注などは付さなかったが、本書執筆にあたって参照し引用した主要文献は巻末に列挙した。細心の注意を払ったつもりであるが、本書に訂正、加筆すべき点があれば、どうかご教示いただきたい。

本書の執筆にあたって、筆者の専門とする地理学はもとより、農学、土壌学、土壌微生物学、生態学、歴史学、民俗学など多岐にわたる分野の先達の研究書やさまざまな方々に大変お世話になった。そして、なによりも土地に刻まれた歴史や、風土の中で鍛えられてきた落ち葉堆肥農法を五〇年の長きにわたって丁寧に、筆者に話してくださった三富地域をはじめ、各地の多くの農家の皆様方に、衷心より厚く御礼申しあげたい。そして筆者は、二〇一八年の冬から三富地域の世界農業遺産推進協議会にかかわってきたが、協議会会長の林伊佐雄三芳町町長をはじめ、事務局の三芳町役場職員の鈴木義勝・三浦康晴・江田直也の各氏とは、勉強会や邦文と英文の申請文書作り、ＦＡＯや国内専門家会議委員からの問い合わせや現地調査への対応など、苦労を共にしたことが想起される。そのほか農林水産省の世界農業遺産等専門家会議委員の皆様など、ＦＡＯへの申請過程でご指導ご助言をいただいた多くの方々についても感謝申しあげたい。

本書執筆の構想段階で、東京大学名誉教授で日本土壌協会会長松本聡先生からは、さまざまな点をご教示いただくとともに、多くの激励をいただいた。また、地理学者・地生態学者の元筑波大学教授の松本栄次先生には、日頃からご指導・ご助言をいただいている上に、今回、貴重なカリーチの写真も提供していただいた。さらに恩師である筑波大学名誉教授の山本正三先生とともに筑波大学名誉教授の田林明先生をはじめとして、地理学者でもあり博物学者でもある東京学芸大学名誉教授小泉武栄先生、中世史家の獨協大学名誉教授新井孝重先生など、日頃からご教示いただいている多くの先輩、友人諸氏に対しても心から感謝を申しあげたい。最後に農文協プロダクション代表取締役の鈴木敏夫氏から二〇一八年に、プロデュースされた原村政樹監督の映画『武蔵野』が縁で意見交換をして以来、折に触れて激励をいただき、この度、農文協から本書を上梓することができた。直接編集の労にあたっていただいた農文協の阿部道彦氏の迅速かつ確実な編集作業と、菅沢恵子氏の丁寧な校正に深甚の謝意を申しあげる。

二〇二三年盛夏、庭先のヤマボウシに巣をかけた
ヒヨドリの子育てと巣立ちを見守りながら

犬井　正

引用・参考文献リスト

青鹿四郎（一九三五）『農業経済地理』叢文閣（昭和前期農政経済名著集⑱、農山漁村文化協会、一九八〇）
青木淳一（一九七三、新訂版二〇一〇）『Soil Zoology 土壌動物学―分類・生態・環境との関係を中心に』北隆館
朝日新聞（二〇〇三）「環境と農村・都市の持続的発展　農村編（上）　あふれる窒素、どうする」二〇〇三年一〇月二八日付記事
朝日新聞（二〇二二）「肥料の高騰、「下水」が救う?」二〇二二年七月二一日付記事
朝日新聞（二〇二二）「食料安定供給「肥料に下水汚泥を」」二〇二二年九月一〇日付記事
アルバート・ハワード著、横井利直・江川友治・蜷木翠・松崎敏英共訳（二〇〇二）『ハワードの有機農業　上・下』農山漁村文化協会
アルバート・ハワード著、保田茂監訳、佐藤剛史・小川華奈・横田茂永訳（二〇〇三新装版第一刷）『農業聖典』日本有機農業研究会発行、コモンズ発売
市川健夫（一九七八）「便所文化考―日本における厠屋の進化―」『風土の中の衣食住』東書選書26、東京書籍、一八八～二〇〇頁
市川健夫（一九八一）『日本の馬と牛』東書選書69、東京書籍
伊藤好一（一九六六）『江戸地廻り経済の展開』柏書房
伊藤聡（二〇二一）『日本像の起源―つくられる〈日本的なるもの〉』角川選書、KADOKAWA
伊藤章治（二〇〇八）『ジャガイモの世界史―歴史を動かした「貧者のパン」』中公新書、中央公論新社
稲村達也・中川重年（二〇〇一）「イネ」『イネとスギ―国土の自然をつくりかえた植物』現代日本生物誌7、岩波書店一～七六頁
犬井正（一九八二）「武蔵野台地北部における平地林の利用形態」地理学評論五五―八、五四九～五六五頁

犬井正（一九八八）「那須野原台地西原における平地林利用の変容」人文地理四〇―二、一六四～一七九頁
犬井正（一九八八）「埼玉県川越市福原・名細地区の平地林利用の変容」経済地理学年報三四―二、一〇七～一一八頁
犬井正（一九九二）『関東平野の平地林』古今書院
犬井正（二〇一三）「関東の平地林―農の風景」、田村善次郎・宮本千晴監修『宮本常一とあるいた昭和の日本13 関東・甲信越③』一八九～二一九頁、農山漁村文化協会
犬井正（一九九三）『人と緑の文化誌』三芳町教育委員会
犬井正（一九九六）「関東平野の平地林の歴史と利用」森林科学18号、一五～二〇頁
犬井正（二〇〇二）『里山と人の履歴』新思索社
犬井正（二〇〇九）「共通農業政策改革によるイギリス農業的土地利用と農村環境政策の軌跡」、環境共生研究第2号、一～一二頁、獨協大学環境共生研究所
犬井正（二〇一四）「三富新田の土地利用と林分管理」『森林技術』八六九号一一～一五頁
犬井正（二〇二〇）『日本の農山村を識る―市川健夫と現代の地理学』古今書院
犬井正（二〇二一）『山林と平地林―関東における林野利用の展開―』テイハン
岩城英夫・田村真八郎・江島一浩・吉田武彦・津野幸人・吉田寛一（一九七九）『自然と食と農耕』人間選書、農山漁村文化協会
植村誠次（一九七七）「根粒菌と根粒植物」アーバンクボタ（URBAN KUBOTA）一四号、二一～二五頁
江戸川区区史編纂室編（一九七六）『江戸川区史』江戸川区
大石慎三郎（一九八〇）「近世の社会と農業」古島敏雄編著『農書の時代』農山漁村文化協会、三二～五三頁
大友一雄（一九八〇）「享保期北武蔵野開発と秣場騒動」『所沢市史研究』第四号、三〇～六〇頁、所沢市史編さん室
小田内通敏（一九一八）『帝都と近郊』大倉研究所（有峰書店　一九七四年復刻）
オールコック著、山口光朔訳（一九六二）『大君の都―幕末日本滞在記―』（上・中・下　全3巻）岩波文庫
葛飾区郷土と天文の博物館編（二〇〇五）『平成一六年特別展「肥やしのチカラ」展示図録』葛飾区郷土と天文の博物館

葛飾区総務部総務課編（二〇一七）『葛飾区史』葛飾区
菊地俊夫・犬井正編著（二〇〇六）『森を知り　森に学ぶ―森と親しむために―』二宮書店
北﨑幸之助（二〇〇九）『戦後開拓地と加藤完治―持続可能な農業の源流』農林統計出版
木村茂光（一九九六）『ハタケと日本人―もう一つの農耕文化』中公新書、中央公論新社
木村茂光（二〇一〇）『日本農業史』吉川弘文館
清瀬市史編纂委員会編（一九七三）『清瀬市史』清瀬市
楠本正康（一九八一）『こやしと便所の生活史―自然とのかかわりで生きてきた日本民族』ドメス出版
熊沢喜久雄（一九八六）「キンチとケルネル―わが国における農芸化学の曙―」、肥料化学第9号、一～四一頁
黒川計（一九七五）『日本における明治以降の土壌肥料考（上巻）』日本制作社
久馬一剛（二〇〇五）『土とは何だろうか？』京都大学学術出版会
現代農業編集部（二〇〇四）「もうちょっと知りたい落ち葉の話」、『現代農業』八三巻一一号、農山漁村文化協会
小泉武夫（二〇一三）『小泉武夫のミラクル食文化論』亜紀書房
小泉武夫（二〇一九）『灰と日本人』中公文庫、中央公論新社
小林茂（一九八三）『日本屎尿問題源流考』明石書店
近藤康夫（一九七四）『近藤康男著作集　第一巻　チウネン孤立国の研究』、農山漁村文化協会
埼玉県立図書館（一九五五）『武蔵国郡村誌』雄文閣
埼玉県（一九八四）『新編埼玉県史資料編15』埼玉県
埼玉県（一九八八）『荒川　人文Ⅱ荒川総合調査報告書3』
佐合隆一（二〇一七）「農業の歴史と農法」、「自然農法」五一―一、四～一一頁
佐藤洋一郎（二〇〇二）『稲の日本史』角川選書、KADOKAWA
佐藤洋一郎（二〇一八）『稲の日本史』角川文庫、KADOKAWA
三富史蹟保存会編（一九二九）『三富開拓誌』三富史蹟保存会

椎名重明（二〇一四）『農学の思想―マルクスとリービヒ（増補新装版）』東京大学出版会
染谷孝（二〇二〇）『人に話したくなる土壌微生物の世界』築地書館
高橋英一（一九九一）『肥料の来た道帰る道―環境・人口問題を考える』研成社
武内和彦（二〇一三）『世界農業遺産―注目される日本の里地里山』祥伝社新書、祥伝社
田島征彦（一九七八）『じごくのそうべえ』童心社
田無市史編さん委員会編（一九九五）『田無市史　第三巻：通史編』田無市企画部市史編さん室
谷直樹・遠州敦子（一九八六）『便所のはなし』鹿島出版会
田端英雄編著（一九九七）『里山の自然』保育社
田林明（一九八四）「ブナ帯における稲作の成立と限界」、市川健夫・山本正三・斎藤功編『日本のブナ帯文化』朝倉書店
丹治健蔵（一九九六）『近世交通運輸史の研究』吉川弘文館
燕佐久太（一九一四）『下肥』有隣堂書店
デイビッド・グリッグ著、山本正三・内山幸久・犬井正・村山祐司訳（一九九七）『西洋農業の変貌』農林統計協会
デイビッド・グリッグ著、山本正三・内山幸久・犬井正・村山祐司訳（一九九八）『農業地理学』農林統計協会
デイビッド・モントゴメリー著、片岡夏実訳（二〇一〇）『土の文明史』築地書館
デイビッド・モントゴメリー＆アン・ビクレー著、片岡夏実訳（二〇一六）『土と内臓―微生物がつくる世界』築地書館
デイビッド・モントゴメリー著、片岡夏実訳（二〇一八）『土・牛・微生物』築地書館
T・G・ジョーダン＝ビチコフ、B・B・ジョーダン著、山本正三・石井英也・三木一彦訳（二〇〇五）『ヨーロッパ―文化地域の形成と構造』二宮書店
徳富健次郎（一九一三）『みみずのたはこと』新橋堂書店・服部書店・警醒書店

都留信也（一九九四）『土のある惑星』地球を丸ごと考える6、岩波書店
富山和子（一九九三）『日本の米―環境と文化はかく作られた』中公新書、中央公論新社
中島峰広（一九九九）『日本の棚田―保全への取組み』古今書院
中村好男（一九九八）『ミミズと土と有機農業』創森社
中村好男（二〇〇五）『土の生きものと農業』創森社
長須祥行（一九七三）『西武池袋線各駅停車』椿書院
西尾敏彦（一九九八）『農業技術を創った人たち』家の光協会
西尾道徳（二〇一九）『検証　有機農業―グローバル基準で読みとく理念と課題―』農山漁村文化協会
日本土壌協会監修（二〇一四）『図解でよくわかる　土・肥料のきほん』誠文堂新光社
日本土壌肥料学会編（二〇一五）『世界の土・日本の土は今―地球環境・異常気象・食料問題を土からみると』農山漁村文化協会
野村兼太郎（一九四〇）「江戸下肥取引について―社会経済史資料紹介―」三田学会雑誌、三四巻一一号、九九〜一〇八頁
長谷川元博・藤井佐織・金田哲・池田紘士・菱拓雄・兵藤不二夫・小林真（二〇一七）「土壌動物をめぐる生態学的研究の最近の進歩」日本生態学会誌67、九五〜一一八頁
葉山禎作（一九八八）「第二章　交通の変遷と荒川　第一節荒川舟運　1農業経営と水運」埼玉県編『荒川　人文Ⅱ』荒川総合調査報告書3、一三七〜一五四頁
樋口清之（一九七九）『自然と日本人』（日本人の歴史第一巻）、講談社
ビクトル・ユゴー著、井上究一郎訳（一九八〇）『レ・ミゼラブルⅠ・Ⅱ・Ⅲ』河出世界文学大系34、河出書房新社
福士正博（一九九五）『環境保護とイギリス農業』日本経済評論社
藤井一至（二〇一八）『土　地球最後のナゾ―１００億人を養う土壌を求めて』光文社新書
藤井一至（二〇二二）『大地の五億年―せめぎあう土と生き物たち』ヤマケイ文庫
藤井佐織（二〇一二）「細根と土壌動物の相互作用」、日本林学会森林科学65号、二一〜二五頁

藤原彰夫（一九九一）『土と日本古代文化―日本文化のルーツを求めて・文化土壌学試論』博友社
藤原俊六郎（一九八六）「自給有機質肥料」『農業技術大系　土壌施肥編』第七―一巻、二八七～二八八頁、農山漁村文化協会
藤原俊六郎（二〇〇三）『堆肥のつくり方・使い方―原理から実際まで』農山漁村文化協会
藤原俊六郎・安西徹郎・小川吉雄・加藤哲郎（二〇一七）『トコトンやさしい土壌の本』日刊工業新聞社
古川古松軒（一七九四）『四神地名録』自筆稿本（国立国会図書館所蔵）
古島敏雄編著（一九八〇）『農書の時代』農山漁村文化協会
星野高徳（二〇〇八）「20世紀前半期東京における屎尿処理の有料化―屎尿処理業者の収益環境の変化を中心に―」、『三田商学研究』五一―3、二九～五一頁
松田晃・間藤徹（二〇〇三）「窒素サイクルと食料生産―植物栄養学21世紀の課題」『化学と生物』四一―一〇、六四四～六五〇頁
松中照夫（二〇一八）『新版 土壌学の基礎―生成・機能・肥沃度・環境』農山漁村文化協会
松本栄次（二〇一二）『写真は語る　南アメリカ・ブラジル・アマゾンの魅力』二宮書店
松本栄次・犬井正・山本正三（二〇一〇）「ブラジルにおける熱帯産大豆栽培地の拡大と自然基盤」、『環境共生研究』獨協大学環境共生研究所、第三号、一～一五頁
三浦伊八郎・内藤三夫（一九四〇）「武蔵野における矮林の収穫及び下草・落葉採取に就て」『東京帝国大学農学部演習林報告』第28号三～五一頁
三俣延子（二〇〇八）「都市と農村がはぐくむ物質循環―近世京都における金銭的屎尿取引の事例」経済学論叢六〇巻第二号、二五九～二八二頁、同志社大学経済學會
南澤究・妹尾啓史編著・青山正和・斎藤明広・斎藤雅典著（二〇二一）『土壌微生物学―作物生産のための基礎』講談社
守山弘（一九八八）『自然を守るとはどういうことか』農山漁村文化協会
矢嶋仁吉（一九五四）『武蔵野の集落』古今書院
安田喜憲（二〇一八）『文明の精神―「森の民」と「家畜の民」』古今書院

山田龍雄・飯沼二郎・岡光夫・守田志郎編（一九八〇）『清良記（親民鑑月集）・農術鑑正記・阿州北方農業全書』日本農書全集一〇、農山漁村文化協会
山根一郎・大向信平（一九七二）『農業にとって土とは何か』農山漁村文化協会
山根一郎（一九七四）『日本の自然と農業』農山漁村文化協会
山根一郎（一九八五）『地形と耕地の基礎知識』農山漁村文化協会
山野井徹（二〇一五）『日本の土―地質学が明かす黒土と縄文文化』築地書館
山本民次・花里孝幸（二〇一五）『海と湖の貧栄養化問題―水清ければ魚棲まず』地人書館
山本紀夫（二〇〇八）『ジャガイモのきた道―文明・飢饉・戦争』岩波新書、岩波書店
山本充（二〇〇六）「ヨーロッパの森と人々の生活―森の恵み」菊地俊夫・犬井正編著『森を知り　森に学ぶ―森と親しむために―』二宮書店、九四〜一〇〇頁
横山和成監修（二〇一五）『図解でよくわかる　土壌微生物のきほん』誠文堂新光社
吉田太郎（二〇二二）『土が変わるとお腹も変わる―土壌微生物と有機農業』築地書館
湯澤規子（二〇二〇）『ウンコはどこから来て、どこへ行くのか―人糞地理学ことはじめ』ちくま新書、筑摩書房
渡辺善次郎（一九八三）『都市と農村の間―都市近郊農業史論―』論創社
渡辺善次郎（一九九一）『近代日本都市近郊農業史』論創社
渡辺善次郎（二〇〇二）「糞尿処理―白魚の棲む隅田川と大臭気のテームズ川」、農山漁村文化協会編『江戸時代にみる日本型環境保全の源流』農山漁村文化協会、三六〜四七頁
渡部忠世（一九九五）『農業を考える時代―生活と生産の文化を探る』農山漁村文化協会
Andrew Goudie（1990）:The Human Impact on the Natural Environment, Blackwell
Inui T. and Bowler I.R.（1995）：Agricultural Land Use in the European Union: Past, Present and Future Geographical Review of Japan Vol.68（ser.B）, No.2: 137-150, 1995.

人名索引

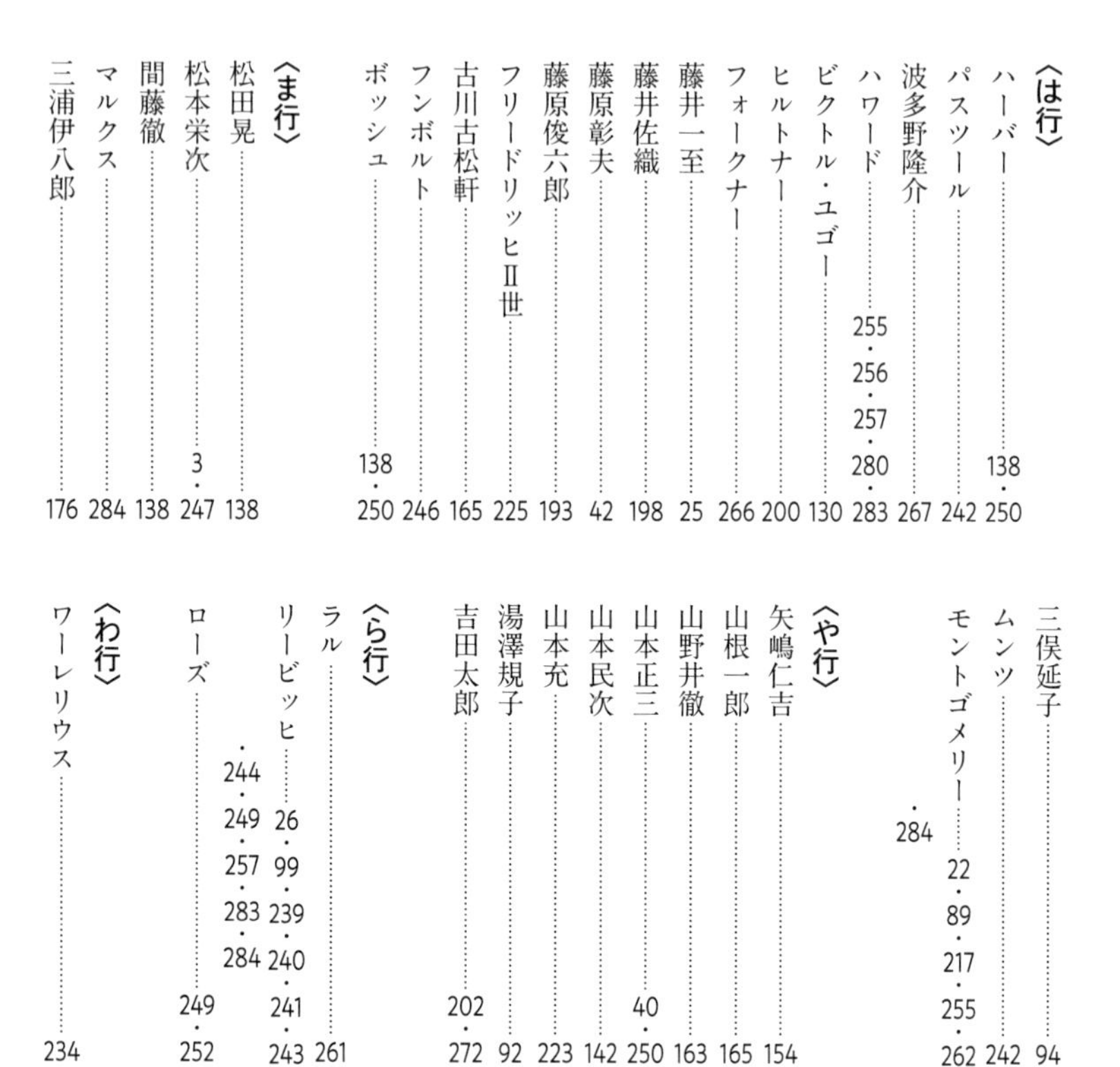

〈は行〉

〈ま行〉

〈や行〉

〈ら行〉

〈わ行〉

事項索引

著者略歴

犬井　正（いぬい・ただし）

1947年東京都生まれ。東京学芸大学大学院教育学研究科修士課程修了、理学博士（筑波大学）、獨協大学経済学部教授、環境共生研究所所長、経済学部長、学長を歴任し、現在、獨協大学名誉教授。専門は農業・農村地理学、地域生態論。第16回「本多静六賞」受賞。主な著書に『関東平野の平地林』古今書院、『里山と人の履歴』新思索社、『人と緑の文化誌』三芳町教育委員会、『森を知り森に学ぶ』（共著）二宮書店、『エコツーリズム　こころ躍る里山の旅—飯能エコツアーに学ぶ』丸善出版、『日本の農山村を識る—市川健夫と現代の地理学』（編著）古今書院、『山林と平地林—関東における林野利用の展開』テイハンほか多数。

武蔵野の落ち葉堆肥農法に学ぶ

土と肥やしと微生物

2023年9月10日　第1刷発行

著　者　　犬井　正

発行所　　一般社団法人 農山漁村文化協会
〒335-0022　埼玉県戸田市上戸田2丁目2-2
電話　048（233）9351（営業）
電話　048（233）9376（編集）
FAX　048（299）2812
振替　00120-3-144478
https://www.ruralnet.or.jp/

印刷　　（株）新協
製本　　根本製本（株）
DTP製作　　（株）農文協プロダクション

<検印廃止>
ISBN 978-4-540-23151-3

農文協の図書案内 ◎土とエコロジー

ここまでわかった自然栽培
農薬と肥料を使わなくても育つしくみ

杉山修一著
A5判188頁 2000円+税

無農薬・無肥料栽培は農薬と肥料を使わないだけでは不可能。農薬と肥料を使わなくても育つ条件を明らかにする。

生きている土壌
腐植と熟土の生成と働き

エアハルト・ケニッヒ著 中村英司訳
四六判352頁 2500円+税

「生命をもつ有機体」としての土壌の形成を、腐植の生成とそれに関わる微生物や植物根、ミミズ、ミネラルの働き等と結びつけて描く。

有機農業と慣行農業
土と作物からみる

松中照夫著
A5判176頁 1800円+税

有機農業は慣行農業より優れているのか?「思い込み」や分断・対立の風潮に対し、科学の視点から多様な農業の世界を解き明かす。

スギと広葉樹の混交林
蘇る生態系サービス

清和研二著
A5判208頁 2500円+税

スギ人工林の強度間伐が生態系サービスを向上させるメカニズムを実証的に解明。広葉樹との混交林化がもたらす価値と方法を提言。

(価格は改定になることがあります)